부석사

All rights reserved.
All the contents in this book are protected by copyright law.
Unlawful use and copy of these are strictly prohibited.
Any of questions regarding above matter, need to contact 나녹那碌.

이 책에 수록된 모든 콘텐츠는 저작권법에 의해 보호받는 저작물이므로 무단전재와 무단복제를 금합니다.
나녹那碌 (nanoky@naver.com)으로 문의하기 바랍니다.

절 건축에서 불교를 보다

부석사 '무량'에 이르는 돈오돈수

펴낸 곳 | 나녹那碌
펴낸이 | 형난옥
지은이 | 임석재
기획 | 형난옥
편집 | 김보미
디자인 | 김용아
초판 1쇄 인쇄 | 2019년 2월 15일
초판 1쇄 발행 | 2019년 2월 28일
등록일 | 제 300-2009-69호 2009. 06. 12
주소 | 서울시 종로구 평창 21길 60번지
전화 | 02- 395- 1598 팩스 | 02- 391- 1598

ISBN 978-89-94940-81-6 (93610)

부석사

'무량'에 이르는 돈오돈수

머리말
그냥 짓지는 않았을 것이다

'그냥 짓지는 않았을 것이다'. 이 책을 쓰게 된 동기다. 이 책은 사찰 건축의 배치 구성을 불교 교리와 연관 지어 해석한 책이다. 일차적으로는 건축 책이며 넓은 범위에서 불교나 전통문화 책으로 봐도 좋을 것 같다. 사찰 건축은 보기에 따라서 비슷하기도 하고 매우 다르기도 하다. 복잡하기도 하고 단순하기도 하다. 어느 경우건 일정한 원리가 있다. 나는 그것이 불교 교리라고 생각한다. 종교 건축은 그 종교의 기본 교리를 어느 정도 반영한다. 사찰도 그렇다.

사찰은 불교 이전에 한국의 전통문화를 대표한다. 불자라면 말할 것도 없고 불자가 아니더라도 사람들은 한국의 사찰을 사랑하고 사찰로 여행을 간다. 주변에 사찰 건축의 인상을 물었다. 대부분 '그 절이 그 절 같다' 했다. 나와 아주 다른 생각이었다. 나는 한국의 절이 어떻게 이렇게 서로 다를 수 있는가에 늘 놀라고 있기 때문이다. 한국 사찰의 중요한 특징 중 하나가 다양성이라고 생각한다.

사람들이 왜 한국의 절이 모두 같다고 느끼는지 생각해 보았다. 아마도 건물, 그것도 주불전에 한정해서 절을 파악하고 있기 때문일 것이다. 이렇게 되면 이 절에도 대웅전이요 저 절에도 대웅전이니 그 절이 그 절 같을 것이다. 그 모습도 대부분 비슷하다. 고건축 전공자가 아니면 차이를 찾아내어 즐기기에 벅찰 것이다.

주변 사람들의 이런 어려움에 대한 고백은 이 책의 집필을 시작하는 데에 '방아쇠를 당기는' 역할을 했다. 나는 오래전부터 사찰의 배치 구성을 불교 교리와 연관 지어 해석하는 저술 작업을 할 계획이었다. 이런저런 다른 일이 우선하다 보니 뒤로 미루고만 있다가 여러 사람에게서 앞과 같은 대답이 공통으로 돌아오는 것을 듣고 이제 써야겠다고 여겼다. 상당히 길고 힘든 준비작업과 집필 기간을 거쳐 이제 출간의 순간을 맞게 되었다.

물론 배치 구성의 원리 가운데에는 모든 사찰에 공통적인 것도 많다. 하지만 사찰마다 고유한 것이 훨씬 더 많다. 각 사찰의 건축적 생명력은 이런 고유한 배치 구성에 있다. 대웅전 같은 개별 전각이 아니라 공간의 배치 구성을 보게 되면 절마다 얼마나 다른지를 훨씬 잘 이해할 것이다. 한국 사찰 전체로 보면 단연 다양성이 생명이고 특징이며 장점이다. 이 책은 이런 전제 아래 다양성의 내용을 불교 교리의 관점에서 추적하고 해석한 책이다.

소백산맥 산사 시리즈-아홉 곳의 매력에 빠지다

이런 전제 아래 나는 소백산맥의 산사 시리즈를 기획했다. 이 책은 소백산맥에서 내가 주목한 아홉 사찰 중 첫 사찰 소개며 법주사와 함께 우선 출간하게 되었다. 소백산맥의 아홉 사찰 중 지리적 순서로 보면 부석사가 출발점을 이룬다. 부석사가 자리 잡은 영주는 백두대간(태백산맥)에서 소백산맥이 갈라지는 분기점으로 소백산맥이 시작하는 곳이다. 이어 '예천 용문사-문경 김룡사-문경 대승사-괴산 각연사-문경 봉암사-보은 법주사-상주 남장사-김천 직지사'의 순서로 내려간다. 현재 아홉 권은 집필이 완료되어 차례대로 출간할 것이다.

소백산맥의 사찰을 대상으로 먼저 잡은 이유는 이 지역의 사찰이 한국 사찰만의 고유한 특징을 잘 보여주기 때문이다. 한국의 사찰이 인도, 중국, 동남아, 일본 등과 다른 가장 대표적인 특징은 산사山寺에 있다. 한국은 전국의 대부분 사찰이 산사다. 다양한 배치 구성에서 소백산맥의 아홉 사찰이 산사의 특징을 대표한다. 집중적으로 몰려 있다는 점에서도 중요한 의미가 있다. 한국 산사의 배치 구성에 대한 일반론도 어느 정도 정리할 수 있을 정도다.

한국 산사의 큰 특징은 부드러운 오름이다. 부석사 등 일부를 제외하면 대부분 산 입구에 자리 잡고 있어서 경사가 심하지 않다. 하지만 평지 사찰과는 엄연히 다른 오름이 있다. 단 그 오름이 편안하고 여유가 있다. 중간에 수목과 계곡 등 빼어난 자연경치를 갖추었으며 당간지주·돌탑·부도 등 불교 시설도 함께 한다. 이런 환경과 눈길을 주고받으며 여유 있게 오르는 산사의 진입 공간은 종교 시설을 뛰어넘어 건축 전체로 보더라도 단연 최고의 배치라고 할 만하다.

'오름'을 다른 각도에서 보면 부정적인 뜻도 있다. '사다리의 오름'으로 비유되는 치열한 경쟁이다. 현대 사회, 특히 지금의 한국 사회가 힘든 주요 원인이다. 산사의 오름은 이와 대비되어 병든 한국인의 마음을 치유할 수 있는 소중한 가르침을 준다. 사다리의 오름은 경쟁의 오름이다. 남을 떨어트려야 내가 오를 수 있다. 사다리 단에 따라 서열이 매겨지고 승자와 패자가 갈린다. 산사의 오름은 그렇지 않다. 누구도 재촉하지 않는다. 경쟁도 없다. 오로지 내 마음만의 문제다. 그 오름도 깨달음을 향해 한 걸음씩 나아가는 종교적 여정이요 정신적 성숙의 과정이다. 세속에서 다친 마음을 보듬고 내 욕심을 내려놓는 소중한 치유의 오름이다.

부석사의 급한 오름-안양루에서 소백산맥을 감상하다

부석사는 이런 오름을 대표하는 절이다. 2018년에 세계문화유산에 등재되었다. 내가 아주 좋아하는 절로, 가장 많이 가본 절이기도 할 것이다. 대학교 때부터 십수 차례는 될 것이다. 오랜 기간에 걸쳐 이 절에 대해 생각하는 시간을 가질 수 있었다. 최근 들어서 경내 전각이 조금 늘긴 했어도 부석사의 매력은 아무래도 간결한 집중력일 것이다. 매우 유명한 무량수전을 향해 일직선으로 오를 뿐, 주변에 다른 군더더기가 없다. 나는 이런 간결함이 좋다. 그 간결한 오름을 불교 교리와 연관 지어 늘 품었던 생각을 이렇게 써보았다.

부석사는 한국의 산사 가운데에서도 오름이 급한 편에 속한다. 이런 지형은 이 절의 창건과 교리적 성격과 연관이 있다. 이 절은 의상대사가 창건했다. 의상대사는 신라 말기에 원효대사의 친구자 라이벌로 한국의 화엄종을 창시한 인물이다. 화엄종은 화엄경을 기반으로 한다. 화엄경은 석가의 깨달음의 순간을 장엄한 아름다움으로 묘사한 경전이다. 이는 돈교, 즉 돈오돈수를 대표한다. 한번에 깨닫는다는 뜻이다. 이런 깨달음에 대응되는 공간 배치가 산

사의 급한 오름이다. 한국의 산사는 불상이 안치된 주불전을 향한 오름으로 구성된다. 이는 깨달음을 향한 수행의 여정에 비유될 수 있다. 급한 오름은 한 번에 깨닫는 돈교에 대응된다. 화엄종을 창시한 의상대사는 화엄종의 이런 교리를 반영할 자연지형을 찾았을 것이고 소백산맥이 시작되는 이곳을 절터로 삼았을 것으로 추측해 볼 수 있다.

 부석사는 대찰은 아니나 일직선 구성이어서 입구에서 주불전까지 거리는 한국 사찰 가운데 긴 편에 속한다. 중간에 좋은 곳이 여러 곳 있지만 아무래도 가장 부석사다운 지점을 한 곳 찍으라면 서슴없이 안양루에서 뒤돌아보는 소백산맥의 절경이다. 이곳까지 급한 경사를 힘들게 올라온 보람을 백 배, 천 배로 느낄 수 있는 곳이다. 여러 산이 꼬리를 물고 끝없이 중첩되면서 앞쪽 산들은 짙은 색으로 경계가 뚜렷하고 뒤로 갈수록 옅어지면서 저 멀리 아련히 사라진다. 서양미술사에 나오는 이른바 '대기원근법'을 눈으로 확인하는 순간이다. 산이 많은 한국의 자연 풍경을 대표하는 장면이기도 하다. 우리 산하의 자연에 흠뻑 취해볼 수 있다. 불교가 자연을 대하는 기본 시각을 최고의 자연 감상으로 확인할 수 있다. 등 뒤에서 무량수전이 든든히 받쳐준다고 생각하면 이런 감동은 배가 된다.

한국의 산사가 모두 그렇지만 부석사는 특히 사계절 어느 때 가도 경치가 아름답고 계절별 특징이 뛰어나다. 소백산맥의 전경을 한눈에 볼 수 있는 명당에 자리 잡아서 그럴 것이다. 그래서인지 매표소로 올라가는 입구에 계절별 사진판을 걸어 놓았다. 언젠가 동행한 두 딸이 이 사진들을 보며 아름답다고 감탄을 하기도 했다. 앞서 말한 대로 안양루가 가장 좋은 감상 지점이겠지만 그 중간 어디에서 사방을 둘러봐도 근경과 원경 등 다양한 자연이 눈에 들어온다.

이런 부석사로 소백산맥 산사의 첫 권을 시작하게 되었다. 우선 지리적으로 앞에 말한 대로 소백산맥의 시작점이다. 더 중요한 이유는 배치 구성에 개성이 강하고 건축적 특징도 두드러진 편이어서 불교 교리와 사찰 구성을 연계해서 해석하는 목적에 부합하기 때문이다. 대중적으로도 인기가 많을 뿐 아니라 특히 사찰 건축 연구자와 건축 전공자들이 좋아하는 곳이다. 건축과 학생의 답사 장소로도 인기가 많다. 나는 학생들에게 건축학과에 입학하면 가장 먼저 가보아야 할 곳이 부석사라고 하곤 한다. 실제로 여러 가지 창의적인 건축 처리가 많아서 작품 디자인에 활용할 아이디어의 보고기도 하다. 이런 특징은 물론 한국 산사 전체에 해당된다. 나는 한국의 건축가들에게 산사로 가서 아이디어의 보고를 찾으라고 권하고 싶다. 부석사는 그중에서도 더 뛰어나다.

부석사의 개인적 기억-오래도록 가장 많이 다녀본 곳

나는 부석사에 대한 기억이 많다. 1994년에 이화여대 건축학과를 창설하며 1호 교수로 부임했는데 이때 입학한 1기 학생들을 데리고 가장 먼저 답사를 간 곳이 부석사였다. 졸업한 이들은 94학번인데, 자기네랑 내가 '입사 동기'라며 학창시절을 추억하곤 한다. 그중 한 졸업생은 중년이 되어가는 지금도 이때 답사를 기억하고 있다고 한다. 서울예술대학 연극학과에서 시간 강의를 맡은 적도 있었다. 학생들은 예술적 감수성이 예민한 데다 몸을 사용하는 데 익숙해서인지 학술적 경향의 내 수업을 지루해했다. 학생들의 관심을 끌어보려고 데려간 곳이 부석사였다. 학생들은 단박에 부석사가 지닌 예술적 잠재력을 본능적으로 알아차렸다. 발레 포즈로 경내를 뛰어다니는 학생부터 넋을 잃고 한 곳을 바라보기만 하는 학생까지 그 반응도 예술 전공자들다웠다.

최근에도 4학년 현대건축 수업에서 유럽 건축가의 배치 구성을 설명하다 부석사 얘기가 나왔다. 부석사 가본 사람 있냐고 했는데 안타깝게도 손을 드는 학생이 없었다. 나는 놀라고 섭섭했는데 야단을 치기보다는 재미있게 유도해야겠다 싶어서 어린아이가 보채듯 울먹이는 소리로 어떻게 건축학과 4학년이 되도록 부석사를 안 가볼 수 있냐고 했다. 학생들은 내 모습을 보고 까르르 웃었는데 한 학생이 방학하면 한 번 가보겠다고 했다.

개인적 인연은 또 있다. 1997년경으로 기억된다. 무량수전 실내 사진을 찍다가 들켰다. 실내 사진을 찍으려면 종무소의 허락을 받아야 했는데 모르고 그냥 찍다가 지나가던 스님께 들킨 것이다. 스님은 벌로 108배를 하라며 절하는 방법을 친절하게 가르쳐줬다. 태어나서 처음 해본 불교식 절이었다. 처음에는 108번은 쉽게 하겠거니 하고 만만하게 생각했다. 70번 정도 넘어가니 다리가 떨리고 숨이 턱 밑까지 차올랐다. 겨우 마쳤는데 피로감보다는 상쾌함이 밀려왔다. 몸은 피곤한데 정신은 맑아졌다. 이렇게 108배를 처음 경험한 뒤 2000년대 초반 개인적으로 힘든 일이 있을 때 한 달 정도 하루에 한 번씩 이대 뒷산에 있는 봉은사에 가서 108배를 하며 이겨낸 적이 있다. 내 인생에서 108배는 중요한 부분을 차지하는데 이것을 처음 배운 곳이 바로 부석사다.

부석사는 옛날 구성과 모습을 비교적 잘 간직하고 있는 점도 좋다. 2000년대에 들어와서 문화재적 가치가 큰 유명 사찰은 경내를 확장하고 도로를 낸다. 일반 관람객의 차가 대웅전 앞까지 들어올 수 있게 한 곳도 많다. 전통시대의 배치 구성이 크게 훼손되어 안타까운데 부석사에서는 아직 이런 일이 일어나지 않고 있어서 천만다행이다. 가벼운 등산으로 여겨질 정도로 가파르면서 긴 오름의 길은 그래서 힘들지 않고 보람있게 느껴진다. 부분적으로 몇 채를 새로 더하긴 했는데 이전의 분위기와 잘 맞춰 한 듯 만 듯 지었다. 사세寺勢 확장이 조심스러워서인지 세계문화유산에 등재되었는데도 그 흔한 플랭카드 한 장 걸리지 않았다. 매표소 앞에 있는 경내 안내도만 그림에서 전광판으로 바뀌었다.

마지막으로 감사의 말로 끝맺고자 한다. 나이 예순을 향해 달려가는 요즈음, 인생을 되돌아보게 된다. 평생 외톨이 학자로 공부하고 사진 찍고 책만 써댔다. 세상에 별로 기여한 것도 없는데 세상은 하고 싶은 일만 하고 살 수 있도록 큰 은혜를 주었다. 물론 외톨이로 책 쓰는 일은 결코 쉽고 만만한 일은 아니다. 외로움 속에서 자기 자신을 이겨내야 하는 힘든 일이다. 그런데도 요즘의 힘든 한국 사회 속에 나를 대입시켜 보면 사회에 미안하고 감사하다는 말밖에는 할 수 없을 것 같다. 나의 저술 작업은 계속된다. 수백 가지의 집필 주제 리스트를 놓고 어느 것이 사회에 조금이라도 도움이 될지 늘 고민하며 그 순서에 따라 다음 책을 쓴다. 언제나 그렇듯이 사랑하는 가족, 두 딸과 아내에게 사랑과 감사의 마음을 가득 전한다. 졸고를 출간해 주신 출판사 나녹에도 깊이 감사드린다.

2019. 2. 심재헌心齋軒에서
지은이

차례

부석사-'무량'에 이르는 돈오돈수

머리말	5
부석사-의상이 지은 화엄 도량	20
부석사 배치 구성-한국 산사의 교과서	26
계단·문·누각-축형 사찰	30
아담한 일주문·특별한 천왕문·계단이 급한 중문	39
중문(1)과 계단 오름-돈점이교와 수행 단계론	45
화엄경의 돈오돈수와 법화경의 돈오점수-깨달음 수행의 양 방향	48
중문(2)과 액자-범종루와 무량수전을 풍경으로 담다	51
중문의 액자작용-연기법을 말하다	55
범종루 앞마당에서의 쉼-돈오점수에서 중생을 둘러보다	61
범종루의 누하진입-단계론과 연기법을 풍성하게 극화하다	69
안양루의 마지막 오름-돈오는 연기를 깨닫는 수행이다	73
점잖은 무량수전-수평선·주심포·침묵	85
춤추는 무량수전-변變·『무량수경』·무위무작	90
무량수전에 오르고 보니, 돈오돈수였구나	99
사진 목록	107
참고문헌	109
찾아보기	111

부석사

'무량'에 이르는 돈오돈수

1. 범종루 정면. '봉황사 부석사'라는 현판이 걸려 있다. 왼쪽에 '춘헌서春軒書'라고 써있다.

부석사-의상이 지은 화엄 도량

경상북도 영주시 부석면 북지리 봉황산鳳凰山 소재(사진 1). 대한불교조계종 제16교구 본사인 고운사孤雲寺의 말사다. 676년(신라 문무왕 16) 2월에 의상義湘이 왕명으로 창건한 뒤 화엄종華嚴宗의 중심 사찰로 삼았다. 의상이 당나라 유학에서 돌아와서 창건한 뒤 주로 머물며 집필과 후학 양성에 힘쓴 절이다. 의상은 통일신라시대의 한국 불교에서 화엄사상을 대표하는데 그 열매를 이곳 부석사에서 맺은 것이다. 그의 10대 제자가 거론되고 화엄종의 10대 사찰이 있었다고 전해질만큼 부석사는 의상화엄사상, 나아가 한국 화엄사상의 중심지다.

부석사는 『삼국유사』에 수록된 창건 신화가 유명하다. '부석浮石'이라는 절 이름도 여기에서 나왔다. 부석사를 창건한 의상이 당나라로 불교를 배우러 가던 중 만난 선묘善妙라는 여인이 그를 사모하여 결혼을 청하였다. 의상은 오히려 선묘를 감화시켜 보리심菩提心을 발하게 하였다. 그녀는 의상의 제자가 되었다. 유학을 잘 마친 의상은 귀국 길에 선묘의 집을 찾아 그 동안 베풀어준 편의에 감사를 표하고 뱃길이 바빠 곧바로 배에 올랐다. 선묘는 의상을 만나러 선창으로 달려갔으나 배는 이미 떠나가고 있었다. 이에 선묘는 서원誓願을 세워 몸을 바다에 던져 의상이 탄 배를 보호하는 용이 되었다.

용으로 변한 선묘는 의상이 신라에 도착한 뒤에도 줄곧 옹호하고 다녔다. 의상이 화엄의 대교大敎를 펼 수 있는 땅을 찾아 봉황산에 이르렀으나 도둑의 무리 500명이 그 땅에 살고 있었다. 용은 커

2 부석. 부석사라는 이름의 출처가 되는 큰 바위로, 말 그대로 공중에 떠 있는 모습이다. 창건신화가 서려있다.

다란 바위로 변하여 공중에 떠서 도둑의 무리를 위협함으로써 그들을 모두 몰아내고 절을 창건할 수 있도록 해주었다. 의상은 용이 떠 있는 바위로 변하여 절을 지을 수 있도록 해준 까닭에 절 이름을 '떠 있는 바위'라는 뜻의 '부석'을 넣은 부석사로 지었다고 전해진다. 지금도 무량수전 뒤에는 선묘용이 변한 바위인 부석浮石이라는 바위가 있다. 무량수전과 함께 부석사의 핵을 이룬다(사진 2).

부석사는 창건된 뒤 화엄종찰의 역할을 해냈다(사진 3). 의상은 부석사를 창건한 뒤 이곳에서 40일 동안 법회를 열고 화엄의 일승십지一乘十地에 대하여 설법함으로써 이 땅에 화엄종을 정식으로 펼치게 되었다. 의상 이후의 신라 고승 가운데 혜철惠哲이 이 절에

서 출가하여 『화엄경』을 배우고 뒤에 동리산파桐裏山派를 세웠고, 무염無染도 이 절에서 석징釋澄으로부터 『화엄경』을 배웠으며, 절중折中도 이 절에서 장경藏經을 열람하여 깊은 뜻을 깨우쳤다고 한다. 고려시대에는 이 절을 선달사善達寺나 흥교사興教寺로 불렀는데, '선달'이란 '선돌'의 음역으로 부석浮石의 향음鄉音이 아닐까 하는 견해도 있다.

고려와 조선에도 큰스님을 여럿 배출했다. 고려 정종 때의 결응決凝은 이 절에 머무르면서 대장경을 인사印寫하고, 절을 크게 중창한 뒤 1053년(문종 7)에 이 절에서 입적하였다. 1372년(공민왕 21)에는 원응국사圓應國師가 이 절의 주지로 임명되어 퇴락한 당우를 보수하고 많은 건물을 다시 세웠다. 조선시대의 역사는 자세히 전하지 않으나 오늘날 우리가 보는 부석사 모습은 상당 부분 조선시대에 지은 것이다. 1580년(선조 13)에 사명당泗溟堂이 중건하였으며, 1746년(영조 22)에 화재로 추승당秋僧堂, 만월당滿月堂, 서별실西別室, 만세루萬歲樓, 범종루 등이 소실된 것을 그 뒤에 중건하여 오늘에 이르고 있다.

부석사는 규모가 크지 않고 말찰이긴 하나 가히 '국보 사찰'이라 할만큼 국보가 많다. 무량수전無量壽殿부터 국보 제18호며 조사당祖師堂이 국보 제19호다. 돌이 창건 신화라 그런지 석물에도 국보가 많다. 무량수전 앞 석등은 국보 제17호고 삼층석탑은 보물 제249호다. 당간지주는 보물 제255호고, 부석 옆 안쪽으로 더 들어간 곳에는 석조여래좌상이 있다(사진 4). 이는 무량수전에 모신 보물 제45호인 소조여래좌상을 석조상으로 복사한 것이다. 이 외의 국

---

3. 일주문 후면. '해동화엄종찰'이라는 현판이 걸려있다.

4. 석조여래좌상=소조여래좌상(보물 제45호)의 복사품. 부석사가 돌과 관련된 부분에 뛰어난 점을 보여준다.

보로는 조사당벽화가 제46호고 고려목판이 보물 제735호다. 사람들은 부석사하면 무량수전만 생각하지만 그 외에도 주요 전각이 많다. 조선시대 후기의 건물인 범종루梵鐘樓, 원각전圓覺殿, 안양루安養樓, 선묘각善妙閣, 응진전應眞殿, 자인당慈忍堂, 좌우요사左右寮舍, 취현암醉玄庵 성보전시관 등이 있다.

부석사를 대표하는 무량수전은 무량수불을 모신 주불전이다. 무량수불은 수명이 한없는 부처로 무량광불, 아미타불, 아미타여래 등이라고도 한다. 서방정토에 살면서 끝없는 지혜와 무한한 생명으로 고통 받는 중생을 구원한다고 믿어진다. 현존하는 목조 건물 가운데 봉정사 극락전에 이어 두 번째로 오래된 건물로 알려져 있다. 봉정사 극락전이 건축 기법, 건물 규모, 조형적 완성도, 법식의 완성도 등에서 떨어져 종합적으로 보면 한국 최고의 목조 건물이라 해도 손색이 없다.

5. 무량수전 전경. 부석사의 명성은 단연 무량수전에서 온다.

원융국사비문에 의하면 고려 현종 7년(1016) 원융국사가 무량수전을 중창하였다고 한다. 1916년 실시된 해체 공사 때 발견된 서북쪽 귀공포의 묵서에는 공민왕 7년(1358) 왜구에 의하여 건물이 불타서 우왕 2년(1376)에 원융 국사가 중수하였다고 되어 있다. 그러나 건축 양식이 고려 후기 건물과 많은 차이를 보이므로 원래 건물은 이보다 100년 정도 앞선 13세기에 건립된 것으로 추정된다. 조선시대에는 광해군 3년(1611)에 서까래를 깔고 단청을 하였고 1969년에는 기와를 교체하는 보수작업을 하였다.

정면 5칸, 측면 3칸의 규모 9량식 구조를 갖춘 비교적 큰 건물이다. 공포구조는 주심포 양식이며 지붕에 안허리곡을 가했고 기둥에 안쏠림, 귀솟음, 배흘림 등을 가했다(사진 5). 항아리형 보도 눈여

겨 볼 필요가 있다. 이런 처리는 착시 현상을 교정하기 위해 가하는 기법인데 원래 그 차이가 미묘해서 자세히 보지 않으면 알 수 없다. 착시교정이 시각적 안정감을 주기 위한 것이므로 이런 기법이 가해진 건물은 대체로 짜임새가 있어 보인다. 무량수전도 이런 특징을 보이는 좋은 예다.

부석사 배치 구성-한국 산사의 교과서

배치 구성으로 볼 때 부석사의 대표적 특징은 급한 경사와 일직선 축의 두 가지다. 둘을 합하면 급한 경사에 지은, 축형 사찰이다. 아마 한국의 산사 가운데 가장 경사가 급하고 오래 오르는 예일 것이다. 물론 아예 산 정상에 있어서 등산을 해야 도달할 수 있는 산사도 있지만 이는 원래 그런 곳에 자리잡았을 뿐, 일주문에서 중불전에 이르는 오름을 기준으로 삼았을 때 부석사는 내가 다녀본 절 가운데 오름이 가장 급하고 긴 것 같다.

이런 오름은 일직선 축을 이룬다. 부석사는 축 구성도 가장 확실하다. 앞만 보고 달리는 형국이다. 축은 중간에 몇 번 꺾이기는 하지만 꺾이는 각도가 크지 않아 머릿속에서 그리는 공간 지도는 거의 일직선으로 나온다. 축 구성의 순도를 중화시키는 다른 구성이 거의 없어서 무량수전을 목적지로 삼아 일직선 오름을 이룬다(사진 6). 상당한 길이의 또렷한 일직선 축은 분명 부석사만의 특징이다. 한국의 산사는 산기슭을 오르는 배치여서 기본적으로 축 구성을 한다. 그러나 다른 구성이 섞여 있어서 축 구성이 명확하게 드러나는 경우는 의외로 많지 않다. 축이 있어도 중간에 한 번 이상 꺾이는

6. 무량수전 뒤 삼층석탑 앞에서 본 전경. 급한 경사를 따라 오름 축으로 구성되었다.

경우가 대부분이며 영역 단위로 구획되곤 한다. 일직선 축이 있어도 길이가 짧아서 축 구성에서 나오는 건축적 특징은 거의 형성되지 않는다. 이런 점에서 부석사는 가히 산사의 축 구성을 대표한다 하겠다.

 이렇게 보았을 때 부석사의 특징을 무량수전 한 채에 한정하면 많은 것을 놓치게 된다. 이것은 다분히 미술적인 접근이다. 불교 교리와의 연관성도 나오기 힘들다. 건축적인 접근은 공간을 봐야 한다. 무량수전으로 오르는 중간 길에 풍부한 건축적 얘기가 들어있다. 이것을 겪고 올라서 만나는 무량수전이어야 감동이 크고 그 의미도 풍성해진다. 여기에서 교리와 연계한 해석도 가능해진다.

 무량수전을 향한 오름 구도는 불교의 핵심 교리 가운데 하나인 단계론을 대표한다. 단계론은 깨달음을 향한 수행이라는 불교의 기본 정신에 해당되는 교리다. 산사의 오름 구도도 주불전 속의 불상을 종점으로 삼아 깨달음의 단계적 상승을 반영한다. 그런데 부석사는 이런 오름 구성을 대표하니 이는 단계론을 대표하는 것으로 해석할 수 있다. 이런 점에서 부석사는 배치 구성과 불교 교리 양면에서 한국 산사의 교과서라 할만하다.

여기까지는 총론적인 얘기다. 오름을 이루는 구체적인 건축 기법이 중요하다. 무조건 오르기만 할 수는 없다. 적절한 마디로 끊는 것이 필요하다. 여기에서 부석사만의 다섯 가지 건축 주제가 나온다. 첫째, 계단이 발달했다. 오름 구도에서 계단이 발달하는 것은 당연하다. 부석사의 계단은 당연성을 뛰어넘어 정치精緻하고 섬세하다. 둘째, 마디의 결절 지점에 들어가는 문 처리다. 부석사 역시 일주문, 천왕문, 중문 등 세 문을 정식으로 갖추었다. 여기에 더해 부석사만의 특이한 문 처리 기법이 있는데 바로 누하진입이다. 부석사 전체의 문은 총 다섯인데 이 가운데 나머지 둘은 범종각과 안양루의 누각 밑을 통과하는 누하진입으로 처리했다. 이 두 누각은 한국의 누각 건축에서 빠질 수 없는 명품이다. 안양루는 해탈문을 겸한다.

셋째, 문을 이용한 차경 작용이다. 문은 액자의 틀이 되며 이 속에 앞쪽의 풍경이 담긴다. 풍경은 문 속으로 그대로 차용되면서 말 그대로 차경 작용을 한다. 넷째, 축을 분절하는 각 마디를 영역으로 처리했다. 분절 기준은 '일주문 → 천왕문 → 중문 → 범종각 → 안양루 → 무량수전'에 이르는 여섯 채의 주요 전각이다. 여기에서 다섯 영역이 나온다. 일주문에서 천왕문 사이, 천왕문에서 중문 사이, 중문에서 범종각 사이, 범종각에서 안양루 사이, 안양루에서 무량수전 사이다. 마지막으로 다섯 번째 건축 주제는 연속 공간이다. 앞의 네 주제를 합하면 연속 공간이 된다. 영역별로 다양한 공간 처리를 가해서 풍부한 이야기가 나온다. 요즘 유행하는 말로 '스토리텔링'이다.

부석사의 오름 구도에 적용되기에 가장 적합한 불교 교리는 단계론을 대표하는 돈점이교다. 돈오, 즉 깨달음에 이르는 두 수행 방향인 돈교(돈오돈수)와 점교(돈오점수)의 이교다. 이 각각의 내용과 차이를 안 뒤 부석사를 오르며 이것을 공간 배치로 확인하면 사찰 건축과 불교 교리 이해에 모두 도움이 된다. 이것은 인생살이에도 그대로 적용된다. 평생의 목적으로 잡고 조금씩 천천히 가야 할 일이 있고 힘과 능력을 집중해서 단기에 도달해야 할 일이 있는 것이다. 머물 때와 나아갈 때를 아는 것이 중요하다. 이 가르침을 일상에 적용해서 실제 생활에서 정서적 안정과 정신적 성숙을 얻을 수 있을 것이다.

부석사에서는 단계론 이외에도 여러 교리를 연계해서 해석해낼 수 있다. 대표적인 것이 연기법, 무량, 변變 등이다. 연기법은 부석사의 발달한 문 처리에서 나온다. 문이 갖는 앞뒤의 연결 기능과 액자의 차경 기능은 연기법에 대응된다. 마지막 무량수전에서는 무량과 변의 교리를 각각 읽어낼 수 있다. 이름 속에 이미 '무량'이 들어가 있는데 부석사에서는 그 의미를 '변의 미학'으로 풀어냈다.

연기법과 무량과 변은 돈점이교의 단계론과 함께 보는 것이 좋다. 돈점이교를 오름 구도의 건축 공간에 적용하면 결국 이동과 머무름의 양면성이다. 이동을 독려하는 구성은 돈교에, 머무름을 끌어내는 구성은 점교에 각각 대응될 수 있다. 부석사에는 둘 다 있다. 강한 일직선 축과 급한 경사는 앞만 보고 정진해서 빨리 종착지에 도달하라는 돈교를 상징한다. 반면 중간에 발길을 붙드는 감상 요소들은 차근차근 천천히 가라는 점교를 상징한다. 부석사의 오름 과정에는 두 가지가 공존한다.

무량수전을 대입해서 보면 돈교, 즉 돈오돈수로 귀결된다. 세 가지 점에서 그렇다. 첫째, 부석사 전체에서 무량수전이 갖는 무게다. 주불전의 끌어당기는 힘이 무척 크다. 아래쪽의 힘든 오름 구도는 모두 무량수전에 들기 위함이다. 둘째, 무량수전 앞 안양루에서 뒤돌아보는 소백산맥의 전경이다. 숨막히도록 장엄하고 아름다운 이 장면은 무량수전 앞에서 일어나기 때문에 이것까지 더하면 무량수전의 흡인력은 배가되어 훨씬 더 커진다. 이는 종점을 향한 집중도가 커진다는 뜻이다. 셋째, 이 절의 창건과 관계가 있다. 우리나라 화엄종의 창시자인 의상대사가 그 본산으로 삼아 창건한 절이다. 그런데 화엄종은 돈점이교에서 돈교를 대표한다. 의상대사가 화엄종의 본산 사찰을 이렇게 급한 오름 구도로 잡은 이유는 화엄경이 설하는 돈교의 교리를 상징적으로 표현한 것이 아닐까 추측해 본다.

계단·문·누각-축형 사찰

부석사는 명찰이다. 날씨가 좋을 때나 궂을 때나, 눈 올 때나 비 올 때나, 낙엽 지고 단풍 들 때나 봄 꽃 필 때나 늘 관람객들로 붐빈다. 고운사의 말찰로서 대찰은 아니나 절이 크고 작음이 문제가 아니다. 웬만한 대찰 못지않게 전국적 지명도를 누린다. 아침 일찍 해 뜰 때는 그것대로, 한낮 해가 창창할 때에는 그것대로, 저녁 해 넘어갈 때는 또 그것대로 절묘한 아름다움을 간직한 절이다. 한여름 녹음이 온통 우거진 모습, 겨울 서설에 덮인 모습, 가을 낙엽으로 색칠한 모습 등 모두 숭고한 아름다움을 간직한 절이다.

부석사의 대중적 명성은 아무래도 주불전인 무량수전無量壽殿 덕택일 것이다. 봉정사 극락전과 함께 현재 한국에서 가장 오래된 목조 건물이다. 한국 건축은 목조 건축이었는데 이 분야에서 가장 오래되었다는 것은 실로 대단한 기록이다. 대중적 인기에 걸맞은 기록이다. 교과서에 실려 있는 얘기니 설사 부석사를 직접 가보지 못했더라도 이 사실만은 한 번쯤 들어봤을 법하다. 단순히 오래된 것이 아니고 건물 자체도 뛰어나서 독특한 조형미를 자랑한다. 안

7. 안양루와 무량수전을 함께 본 전경. 안양루를 마지막으로 올라 무량수전 앞에 섰을 때의 감동은 부석사를 대표하는 절정이다.

8. 중문을 통과하면서 보는 범종루 영역 전경. 부석사가 계단과 문과 누각의 절임을 보여준다.

양루 앞에 서서 마주하는 무량수전은 분명 감동 그 자체다(사진 7) 이름부터 특이하다. 모든 절에 있는 대웅전도 아니요 대중적으로 친근한 미륵전도 아니다. 아마 주요 사찰 가운데 주불전이 무량수전인 경우는 거의 없을 것이다.

　이처럼 부석사의 초점은 일단 무량수전에 맞추는 것이 무난해 보인다. 하지만 이것은 부석사를 너무 제한하는 것이다. 부석사의 건축적 의미와 중요성은 모든 한국 사찰과 마찬가지로 전체 배치 구성에 있다. 배치 구성에서 여러 가지 뛰어난 건축적 특징이 나온다. 이것을 무량수전에 더해 함께 보아야 한다. 무량수전에서 느끼는 감동의 상당 부분이 이곳에 오르는 중간 과정이 만들어내는 것이다. 중간 과정에 뛰어난 건축 장치들이 있어서 종점에 이르렀을 때 감동이 각별하고, 그 종점인 무량수전의 건축적 가치가 배가되는 것이다.

　부석사는 절 전체가 뛰어난 건축 작품이다. 전각으로는 무량수전 이외에 중문, 범종루, 안양루 등이 뛰어나다. 모두 오름 과정의 중심축 위에 있는 전각들이다. 더 뛰어난 것은 배치 구성이다. 특히 경사지를 활용하는 건축 방식이 다양하고 훌륭하다. 경사지에 계단과 문과 누각을 적절히 활용해서 무량수전에 오르는 길을 건축적 여정으로 만들었다(사진 8). 합하면 '길과 여정'이라는 주제가 된다. 이것을 무량수전과 합해서 보면 비로소 부석사의 건축을 이해할 수 있게 된다.

　한국의 산사는 대부분 경사지 위에 지었다. 각 산사는 자신만의

9. 범종루. 사물四物과 누하 진입을 동시에 보여준다. 누각과 문을 겸한다.

독특한 경사 처리 기법을 구사한다. 부석사는 그 가운데에서도 손꼽히는 수작이다. 산사 가운데서도 경사가 급한 편인데, 언뜻 불리할 수도 있는 이런 조건을 단순히 잘 해결한 정도가 아니라 오히려 적절히 활용했다. 완만한 경사를 가진 다른 절에서는 구사하기 힘든 부석사만의 독특한 경사지 활용 기법으로 절을 구성했다.

무량수전에 오르는 길은 힘이 든다. 아마 가장 힘든 절일 것이다. 하지만 그 길을 즐거운 오름으로 만드는 마술을 부렸다. 오름을 처리한 구체적 건축 기법은 일차적으로 계단, 문, 누각 등 셋이다. 경사지에 길을 냈으니 당연히 계단을 쌓았을 것이다. 그 거리가 길어지니 중간 주요 마디에 문을 내서 건축적, 불교적 의미를 정의했다. 비로소 부석사라는 절의 일차 골격이 잡혔다. 그냥 문만 내는 것은 다소 빈약하다고 느꼈을 것이다. 문을 누각이라는 건물로 처리해서 덩치를 키웠다. 누각 위에는 사물四物도 담고 편액도 담았으며 누각 밑으로는 누하진입樓下進入을 두는 등 건축적, 불교적 의미를 더욱 풍성하게 했다(사진 9, 10). 부석사의 척추가 잡혔다.

이상의 처리 기법들에서 부석사의 배치 유형이 나온다. 부석사는 우선 '축형'으로 볼 수 있다. 배치도를 봐도 축 구성이 두드러진다. 자연 지형을 따라 뱀이 구불거리듯 이리저리 휘면서 축을 따라 오른다. 중간에 다섯 채의 전각이 위치한다. 일주문, 천왕문, 중문, 범종루, 안양루다. 직선 축은 아니지만 이 다섯 건물이 앞뒤를 연결하며 중심축을 이룬다. 강력한 단일 축이다. 그 종점에 무량수전이 자리잡았다.

축 구성에 부분적으로 '영역형'을 섞었다. 경사가 심하여 절토를 하고 기단을 쌓아 영역으로 나누었다. 영역은 축의 주요 마디를 이루는 전각들을 중심으로 형성된다. 크게 천왕문 영역, 중문 영역, 범종루 영역, 안양루 영역, 무량수전 영역 등이다. 부석사에서 이런 영역들은 분명히 존재하지만 무량수전 영역을 뺀 나머지는 그 경계가 약한 것도 사실이다.

영역이 강하려면 두 조건이 필요하다. 축에서 벗어나 한쪽에 자신만의 면적을 확보해야 하며 그 경

10. 안양루 누하진입 입구. 안양루 역시 범종루에 이어 누하진입의 문 기능을 겸한 누각이다.

계를 담 같은 것으로 분명하게 한정해야 한다. 부석사의 영역은 이 둘을 하지 않았다. 모두 축 위에 형성되어 있으며 담을 두르지 않았다. 안착이나 머무름보다는 축을 따라 거쳐 가는 정거장 성격이 강하다(사진 11). 천왕문 영역, 중문 영역, 범종루 영역, 안양루 영역 모두 얼떨결에 자신들 앞에 형성된 공간을 대표하는 이름만 빌려준 것일 뿐, 본인들이 나서서 땅을 차지하고 경계를 그어 영역을 한정하려는 의도는 없어 보인다.

11. 안양루 누각에서 내다 본 전경. 중앙의 범종루에서 안양루로 이어주는 중심축을 보여준다. 영역은 이 축 위에 형성된다.

   영역이 약한 것은 오히려 도움이 된다. 절을 독안에 가두지 않고 소백산맥의 대자연을 향해 확산한다. 이런 확산적 성격은 그대로 개방적 성격이 된다. 소백산맥이라는 천혜의 자연 환경과 적극적으로 소통한다. 부석사에서 느끼는 멋의 절반은 분명 겹겹이 펼쳐지는 주변 소백산맥의 황홀경에서 온다. 다른 영역이 약하기 때문에 무량수전의 존재도 돕는다. 중간에 다른 영역이 강하면 무량수전을 향해 오르는 발길을 중간에 뺏어가게 되는데 이것을 막아준다.

그 끝에 맞이하는 무량수전 영역은 그만큼 절정감이 강하다.

이상을 종합하면 부석사의 배치 구성은 두 가지로 볼 수 있다. 하나는 '축형' 단독이다. 다른 하나는 '축형 + 영역형 + 개방형'이 혼합된 것이다. 판단 기준은 무량수전을 향해 오르는 중간 과정의 발길에서 어디에 주안점을 두느냐에 달려있다. 종점에 강하게 집중하면서 앞만 보고 달리면 축형이 된다. 중간 과정을 일직선으로 모는 것이 되기 때문이다. 반면 중간의 평지에 형성된 마을 같은 분위기를 두리번거리며 쉬엄쉬엄 놀다 가면 영역형을 추가할 수 있다. 그 영역 밖의 소백산맥까지 즐기면 개방형이 더 추가된다. 부석사의 오름을 시작해 보자.

아담한 일주문·특별한 천왕문·계단이 급한 중문

일주문은 평범하고 소박하다. 한국 산사의 일주문 가운데 작고 평범한 편에 속한다. 불교와 사찰이 대중화되면서 일주문을 크고

12. 일주문으로 들어가는 일직선 길은 앞으로 전개될 단계론을 예고한다.

화려하게 짓는 경우가 늘고 있는데 부석사 일주문은 아담하고 조용하다. 건축적 강조를 할 지점이 아니라는 뜻이다. 그 대신 앞뒤로 곧게 뻗은 길을 냈다(사진 12). 건물의 크고 작음을 따질 문제는 아닌 것 같다. 규모의 미학이 아닌 다른 얘기를 하고 있다. 앞으로 '문'과 '축'과 '오름'에 대한 얘기가 펼쳐질 것을 암시한다. 범상치 않은 얘기다. 아주 단정한 모습으로 일직선 길을 앞뒤로 달고 오붓하게 서 있다. 이 길을 보는 것만으로도 굽었던 마음이 벌써 펴진다. 참 좋다. 수행을 생각하게 되고 절제를 다짐하게 된다. 오름의 절에 대한 예고편이다. 일주문을 나온 길은 중간에 한 번 완만하게 휜 뒤 다시 곧아진 다음 천왕문까지 계속된다.

부석사 천왕문은 특이하다. 계단이 주인공이다. 일주문 앞뒤의 길이 단정하고 오붓했기 때문일까, 일주문이 너무 아담해서일까, 천왕문의 특이한 계단은 기습적으로 등장한다(사진 13). 솔로의 얌

전한 선율이 나오다가 오케스트라가 갑자기 '콰과광'하고 터지는 것처럼 급한 반전이 일어난다. 한국의 산사는 경사지에 자리잡고 있어서 천왕문 앞에 계단을 두는 것이 보통이다. 부석사 천왕문 계단은 이런 일반적 범위를 벗어나 보인다. 계단 단수가 많으며 주변에 공터 없이 나무가 양옆에서 호위한다.

부석사에서 계단의 향연이 시작되는 곳이다. 앞으로 이어질 연속 계단의 서곡이다. 일주문에서 시작한 일직선 길에 대한 집중도를 높인다. 계단이 길 모티브로 전개될 것을 알린다. 계단과 길에 담기게 될 두 가지 교리를 예측해 본다. 하나는 단계론이다. 깨달음을 향한 점증 구도이다. 일주문에서 암시했던 길 모티브가 구불구불 쉬어가는 길이 아니라 급한 오름길임을 얘기한다. 시선을 양옆에 빼앗기지 않고 몰아간다. 단계론을 대비하라고 귀띔해준다. 길

13. 천왕문. 아담한 일주문을 지나자마자 급한 계단을 장착한 특별한 천왕문이 나온다.

14. 지금의 중문 자리를 1995년에 찍은 사진. 건물 없이 계단만 있다.

을 쉬어가지 않고 재촉한다. 또 하나는 연기법緣起法이다. 길에 인연이 서리지 않을 수 있을까. 연기는 문을 끼고 일어날 것이다. 길이 길어지면 주요 마디에 문을 낸다. 문을 기준으로 앞뒤로 다른 세계가 펼쳐진다. 벽으로 막지 않아서 두 세계는 중첩되면서 인연으로 얽힌다. 연기가 꼬리를 몰고 이어질 것을 대비하란다.

아니나다를까, 천왕문을 지났다고 한숨 돌릴 형편이 아니다. 더 급한 계단이 기다리고 있다. 중문에 오르는 계단이다. 우선 이 문의 성격과 이름부터 정의해 보자. 중문은 살림집, 즉 한옥 형태다. 원래 이 자리에는 아무 것도 없었다. 옛날 사진에는 그 모습이 남아있다(사진 14). 너무 심심하다고 느꼈는지 최근에 한옥의 바깥 행랑채 형식의 건물을 지었다(사진 15). 가운데 문을 내고 양옆에 요사를 붙여 지어서 아래에서 보면 대감댁 대문 앞에서 바깥 행랑채를 보는 것 같다.

중문 속 양옆에는 조각상을 담을 수 있는 공간이 마련되어 있다. 나중에라도 조각상을 넣을 것 같다. 아래 천왕문과 중복이 된다. 이런 경우가 간혹 있는데, 나머지 한 문은 보통 금강문이 된다. 금강문 안에는 금강역사, 문수동자, 보현동자 등을 그림이나 조각으로 넣는다. 지금의 이 건물이 없을 때에는 보통 범종루를 중문으로 분류했다. 그러나 이 건물이 들어오면서 나는 이 건물을 중문으로 부르고자 한다. 문의 형식부터 한옥의 중문 형태로 지었으며 위치도 중문에 해당된다.

중문 앞은 부석사 전체를 통틀어 계단이 가장 몰려 있는 구간이

15. 중문, 사진 14와 같은 지점의 지금 모습. 한옥 바깥 행랑채 형식의 중문을 새로 지었다.

다. 일백 미터 안팎 거리의 경사에 계단을 여러 번 냈다. 그만큼 경사가 급한 구간이라는 뜻이다. 몸에 수고가 전해온다. 이곳은 범상한 구간이 아니다. 특별한 구간이다. 몸에 자극을 줬다는 것은 단순한 건축을 넘어서서 무언가 교리를 말하고 싶었다는 뜻이다. 동선을 옆으로 돌릴 수도 있고 경사를 더 완만하게 처리할 수도 있다. 그런데도 무리해서 힘든 경사를 만들었다는 것은 이것을 통해 교리를 말하고 싶었다는 뜻이다.

무슨 교리일까. 단계론, 즉 수행과 관련된 '점증'의 교리다. 두 가지 점에서 그렇다. 하나는 계단을 오르는 수고를 수행의 절제에 비교할 수 있다. 물질로 이루어진 육체는 욕망이 들어오는 통로고 번뇌가 발생하는 주체다. 육체를 힘들게 하면 잡념이 사라진다. 불교에서 고행이 수행이 되는 이유다. 절이 대표적이다. 108배에서 시작해서 3000배, 심지어 10,000배에 이르기까지 절은 불교에서 가장 중요한 수행법이다. 사찰 건축에서는 계단이 여기에 대응될 수 있다.

다른 하나는 계단을 오르는 목적이 주불전의 부처를 만나기 위함인데, 이것을 수행의 목적인 깨달음에 대응시킬 수 있다. 이 과정에서 일주문, 천왕문, 해탈문의 삼문을 지나게 되는데 각 문을 지날수록 세속의 때를 씻고 깨달음의 경지가 높아진다. 물론 이것은 상징적 비유다. 계단을 매개로 한 산사의 오르막 경사를 불교 교리에 비유적으로 대응시킨 것이다. 그 최종 목적은 부처 앞에 나아가는 것이다. 이렇게 종점에 도착하는 것을 깨달음에 이르는 것으로 비유할 수 있다. 대웅전 앞의 문을 해탈문이라고 부르는 것도 이런 이유다.

중문(1)과 계단 오름-돈점이교와 수행 단계론

부석사 중문에 오르는 계단은 이런 비유를 보여주는 좋은 예다. 단계론 가운데 돈점이교頓漸二敎, 즉 돈오돈수頓悟頓修(한 번의 깨달음으로 수행이 완성된다는 뜻)와 돈오점수頓悟漸修(깨달음에 이르기 위해서는 점진적 수행단계를 거쳐야 한다는 뜻)의 두 가지를 잘 표현했다. 일반인들에게도 잘 알려진 불교의 대표적인 단계론이다. 여기에서 부석사 건축이 뛰어난 것을 알 수 있다. 단순히 계단을 길게 내서 일직선 단계론 한 가지만 직접 표현하지 않았다. 이렇게 하기는 쉬우며 이렇게 하는 것만으로는 특별히 중요성을 갖지 못한다. 부석사에서는 이것을 뛰어넘어 계단을 이용해서 돈점이교의 두 종류를 표현했다. 건축을 통해서 이렇게 하기는 쉽지 않은데 매우 섬세한 처리를 통해 이것을 해냈다.

계단을 다양화하는 방법을 통해서다. 조금 우회해서 봐야 한다. 이곳 계단의 특징은 다양성이다. 물론 급하기도 급하지만 급한 것 한 가지만 있지 않고 다양성도 함께 있다. 이 점이 뛰어난 점이다. 계단을 여럿으로 분산한 뒤 단수와 폭을 다르게 하는 방법을 사용했다. 천왕문을 나오자마자 5단과 6단이 하나로 붙어서 연달아 나 있다. 중간에 한 번 단락을 주기는 했는데 끊지는 않았기 때문에 합해서 보면 11단 계단이고 단락별로 따로 보면 5단과 6단의 두 계단이다. 그 다음 완만한 경사로가 이어지다가 6단-9단-17단의 세 계단이 급하게 연달아 나온다(사진 16, 17).

단수를 모아서 함께 보자. 두 가지로 읽을 수 있는데 여기에서 점증의 교리를 읽을 수 있다. 맨 아랫단이 관건이다. 5단과 6단을 나

16. 중문으로 오르는 계단. '5-6-6-9-17'단의 다섯 토막으로 이루어진다.

눈 것도 아니고 붙인 것도 아닌 처리가 핵심이다. 왜 이렇게 했을까. 아예 11단의 한 단으로 하든지 떼려면 확실하게 뗄 것이지 왜 애매하게 됐을까. 이것을 붙은 것으로 읽느냐 뗀 것으로 읽느냐에 따라 중문에 오르는 계단의 전 구간이 다르게 읽힌다. 이 속에 불교의 점증 교리인 단계론을 대표하는 돈오돈수와 돈오점수의 두 뜻이 들어 있다.

맨 아랫단을 따로 볼 경우 계단 전체의 단수는 '5-6-6-9-17'이 된다. 작은 숫자에서 시작해서 숫자가 점점 커진다. 전형적인 일직선 점증 구도다. 이럴 경우 중간의 완만한 경사로는 점증을 돕는 역할을 한다. 쉬엄쉬엄 발걸음을 조절해 가며 오름을 즐긴다. 즐기며 생각한다. 이 속에 담긴 뜻이 뭘까. 돈오점수가 떠오른다. 계단을 오르는 수고를 점증적으로 한다는 것은 오랜 기간 유혹을 이겨내고 욕망을 참으라는 뜻이다.

아랫단을 붙여서 보면 '11-6-9-17'이 된다. 급한 오름으로 시작해서 한 번에 다 오르는 방향이다. 이렇게 되면 중간의 6단과 9단도 붙여서 15단으로 만들어 단박에 오르게 된다. 전체 단수는 '11-15-17'이 된다. 마디도 5개에서 3개로 줄었고, 각 마디의 단수도 많아졌으며 무엇보다 세 마디의 단수가 점증 구도를 이룬다. 이 속에 담긴 뜻은 돈오돈수다. 이동 시간을 최대로 줄이고 힘들더라도 오름을 한 번에 끝내겠다는 것이다.

마지막 17단이 관건이다. 이 계단은 경사가 정말 심하다. 육체의 수고를 극대화한다. 무량수전 가는 길이 등산하는 것 같다는 말이 나오게

17. 중문으로 오르는 계단. '6-9-17'의 마지막 계단은 경사가 매우 급한데 이는 수행 단계론의 돈점이교에서 돈오돈수를 표현한다.

만드는 주인공이다. 부석사가 가장 오르기 힘든 절이라는 말은 여기에서 나온다. 마지막 17단을 직접 올라보면 이 말이 이해된다. 단수도 많으려니와 계단 높이, 즉 챌판도 높다. 계단 단 수와 챌판 높이는 경사도를 말한다. 천왕문을 나와서 중간 지점까지는 경사가 그나마 완만하다가 중문 앞 마지막 계단이 경사가 급하다. 아마도 중문 바로 앞에서 경사가 갑자기 급해졌나보다. 요즘 건축법의 범위를 벗어난 것 같다. 무릎 한 번 굽히기가 벅찬데 그런 계단이 17단이나 이어진다. 중문 앞에서 사진을 찍고 있다 보니 이 계단을 오르는 사람들의 거친 숨소리가 계속 들린다. 숨이 넘어갈 것 같은 쇳소리도 들리고 "아이고 힘들어", "나 죽네", "아직 멀었어?", "다 왔어?" 등 신음 섞인 죽는 소리가 계속 들린다.

마지막 17단의 수고는 깨달음의 순간에 비유할 수 있다. 그 전의 수행이 돈교건 점교건 상관없이 마지막 깨달음 직전은 가장 힘든 법이다. 오름 수행이 돈교였다면 그 전에 일직선으로 쌓은 깨달음을 쭉 밀어 완성하는 마지막 단계를 상징한다. 오름 수행이 점교였다면 그 전까지 왔다갔다 밀고 당기다 마지막을 세게 밀어 깨달음에 이르는 단계를 상징한다. 이처럼 중문 앞 계단에서는 수행과 관련된 단계론의 두 방향을 몸으로 직접 확인하고 느끼면서 오를 수 있다.

화엄경의 돈오돈수와 법화경의 돈오점수-깨달음 수행의 양 방향

'돈頓'과 '점漸'. 불교 수행의 양대 축이다. 모두 '증오(證悟=불도를 수행하여 진리를 깨달음)'에 이르는 길인데 그 과정이 다르다. 보통

서로 반대되는 쌍 개념으로 본다. '돈점이교', '돈교-점교', '돈오頓悟-점오漸悟', '돈오돈수-돈오점수', '돈증頓證-점증漸證' 등 여러 가지 이분법을 만들어 설명한다. '돈'은 '깨지다, 넘어지다'라는 뜻이며 돈교는 한 번에, 신속하게 깨달음에 이르는 것을 말한다. '점'은 '차차, 조금씩'이라는 뜻이며 점교는 점차 단계별로 깨달음에 이르는 것을 말한다.

이런 이분법은 석가의 가르침, 특히 중국 불교를 대표하는 양대 경전인 화엄경과 법화경으로 이어진다. 돈교는 화엄경의 가르침에, 점교는 법화경의 가르침에 각각 대응된다. 화엄경을 돈돈돈원頓頓頓圓, 법화경을 점돈점원漸頓漸圓이라고도 한다. 이는 당나라의 스님 청량징관(淸涼澄觀, 783~839)이 분류한 것이다. 교상판석敎相判釋에서 분류하는 가르침(교)의 종류에서 돈교와 원교(圓敎, 궁극적 깨달음에 나아가도록 하는 가르침. 모든 근기가 자신의 위치에서 성불의 목적을 두고 수행을 하게 하는 가르침)의 두 가지를 취한 뒤 각각에 '돈'과 '점'의 수행법을 세워서 나온 말이다. 돈교에는 돈돈과 점돈이 있으며 원교에는 돈원과 점원이 있는 것이다. 화엄경은 돈교와 원교 모두에 '돈'의 수행을 세우기 때문에 '돈돈돈원'이 된다. 반면 법화경은 둘 모두에 '점'의 수행을 세우기 때문에 점돈점원이 된다.

화엄경은 석가가 성도한 깨달음의 내용을 그대로 저술한 경전인데, 이 깨달음의 경지를 '돈'이라고 가르쳤기 때문에 화엄경의 가르침을 돈교라고 한다. 화엄경은 누구에 의해 언제 성립되었는지 알려져 있지 않다. 석가가 생전에 설했던 깨달음의 가르침을 기원전 1세기에서 서기 300년 사이의 긴 기간 동안 여러 명이 조금씩 모아 기술한 것이라는 게 가장 통설이다. 원본 자체가 60권 화엄, 80권 화엄, 40권 화엄 등 3종류며 번역본도 여러 종류가 전해진다. 공통점은 석가의 깨달음의 상태를 아름답고 장엄한 꽃에 비유하면서 그 가르침을 설했다는 점이다. 석가가 깨달음에 이른 중간 수행 과정에 대한 설명 없이 깨달음의 상태와 가르침만 설하기 때문에 돈교에 대응한다.

여기에서 '돈'자가 들어간 여러 가지 말이 파생된다. 우선 화엄경 자체를 돈대頓大라고도 한다. 이는 석가가 깨달음을 얻은 후 최초로 훌륭한 보살들을 위해 돈설頓說한 대승교大乘敎라는 뜻이다. 이 '돈대'라는 말을 넣어 화엄경에 대해 돈대삼칠일頓大三七日이라는 말도 쓴다. 이는 천태종의 설로, 화엄경이 부처님이 성도하신 후 21일(=삼 × 칠) 동안 행한 설법을 모은 것이라는 뜻이다. 혹은 화엄경에서 가르치는 교설의 성격을 돈극미묘頓極微妙라고 한다.

법화경도 화엄경과 마찬가지로 누구에 의해 언제 성립되었는지 밝혀진 바가 없다. 석가의 가르침을 석가 사후에 불제자들이 조금씩 정리해서 늘려 간 것도 화엄경과 같은 점이다. 대체로 서기 50-150년 사이에 성립된 것으로 본다. 중국에서 한역된 이후 후수의 천태지의 대사(538~597)에 의해 그 깊은 뜻과

사상이 해석·연구·정리되어 널리 보급되었다.

법화경은 석가의 가르침 가운데 주로 진리를 깨닫는 데에 필요한 여러 가지 방편에 중점을 둔 경전이다. 화엄경처럼 곧바로 깨달음의 상태를 설하지 않고 여러 가지 방편에 대해 설한다. 여래가 깨달은 진리는 심심무량하여 누구라도 쉽게 이해할 수 없기 때문에 이것을 이해하기 위해서는 여러 가지 방편이 필요한데 이것을 설하는 것이다. 내용도 '방편'·'수학授學'·'법사'·'권지權持'·'분별공덕' 등 성불의 구원(久遠, 영원하고 무궁함)에 이르는 수행과 관련된 가르침이 주를 이룬다.

중문(2)과 액자-범종루와 무량수전을 풍경으로 담다

중문에서는 계단을 통한 단계론 외에 다른 중요한 교리가 구현된 것을 더 발견할 수 있다. 액자를 통해서 보는 연기법이다. 단계론과 연기법을 합하면 부석사 건축의 핵심이 된다. 두 주제는 중문을 나와 범종루와 안양루 두 곳을 거치면서 반복되고 강화된다. 부석사 전체를 관통하는 대표 주제 두 가지다. 그 단서는 천왕문에서 약하게 시작되어 중문에서 분명하게 모습을 드러낸다. 이런 점에서 따로 이름을 갖지 못하는 중문이 부석사에서는 매우 중요한 건물에 해당된다.

정작 이 건물은 최근에 지은 것이다. 계단은 원래 있었고 건물만 몇 년 전에 새로 지은 것이다. 건물이 있고 없고를 떠나 계단을 오른 이 지점이 부석사 전체에서 매우 중요한 중간 마디인 것은 확실

18. 중문. 문의 액자 역할을 통해 보는 범종루

하다. 이것을 알았기 때문에 이곳에 중문이라는 적절한 건물을 새로 지은 것이다. 건물이 없던 때부터 이곳 계단은 이미 단계론을 표현하고 있었다. 중문을 추가로 지음으로써 액자를 통한 연기론을 더했다. 부석사 전체를 구성하는 두 대표 건축 주제를 짝으로 갖추게 되었다. 천왕문을 받아 짝 주제를 처음으로 완성시켜 내보인 점이 중문의 의미다. 계단밖에 없던 이 지점에 중문을 지은 것은 매우 성공적인 중수였다고 할 수 있다.

중문에서 일어나는 액자를 통한 연기법에 대해서 살펴보자. 우선 액자라는 말부터 보자. 말 그대로 그림을 담는 그 액자다. 문 속에 안쪽 풍경이 담기니 그 풍경을 그림으로, 문을 액자로 본다는 뜻이다. '차경'이라는 말도 여기에서 온 것이다. 시선의 거리와 각도에 따라 액자 형식이 조금씩 달라질 수 있다. 지붕 처마와 서까래가 액자의 위쪽 틀을 만들 수도 있고 오로지 문으로만 액자를 만들 수도 있다. 담기는 장면도 거리와 각도에 따라 커졌다 작아지고 전경

19. 중문. 문을 액자 삼아 담긴 풍경. 범종루 왼쪽 위에 무량수전이 살짝 보인다. 사찰 건축에서 문은 연기법을 표현한다.

이 다 들어왔다 부분만 보이기도 한다.

이런 장면은 한국 건축의 문에서 자주 일어난다. 한국 건축은 영역을 여럿으로 나눈 뒤 이것들을 문으로 이어주는 구성이 보편적이다. 문을 중심으로 앞뒤에 마당과 건물이 짝을 이룬 영역이 형성되어 문 속에는 이쪽에서 보건 저쪽에서 보건 항상 건너편 영역의 풍경이 그림처럼 담기게 된다. 그 장면이 액자에 넣은 풍경화와 다르지 않아서 문을 액자로 볼 수 있게 되는 것이다.

부석사 중문도 마찬가지다. 진행 방향으로 보았을 때 문을 액자 삼아 풍경이 담긴다. 크게 두 가지다. 하나는 범종루다. 범종루를 중문 한가운데에 넣어보자. 정말 보기 좋다(사진 18, 19). 중문은 액자를 내어주고 범종루는 그 속에 반듯하게 서서 깨달음을 향한 오름의 중간 마디를 당당히 감당하고 있다. 액자 속 범종루는 번듯한 수문장 같기도 하고 밤길에 마중 나온 어머니 같기도 하다. 수도승의 절제된 모습이 더 적절한 표현일 수도 있다.

다른 하나는 무량수전이다. 의외다. 아무리 급한 계단을 올랐다고 해도 이곳 중문은 삼부능선이나 될까, 무량수전은 아직 한참을 더 올라야 하는데 이곳에서 벌써 그 모습을 드러낼 리가 없는데 말이다. 잘못 본 건 아닐까 다시 본다. 맞다. 무량수전이다. 언뜻 스쳤다. 조금 자세히 보면 놀란 장면이 들어 있다. 범종루 왼쪽 위에 어렴풋이 무량수전이 보이기 시작하는 것이다. 그렇다. 무량수전을 높은 곳에 꽁꽁 감춘 줄 알았더니 이미 중문에서부터 그 모습을 조금씩 보여주기 시작한 것이다.

중문의 액자작용-연기법을 말하다

문을 액자로 활용하는 이런 건축 처리는 불교의 연기법緣起法에 대응될 수 있다. 연기법부터 살펴보자. '연'은 '묶다, 의존하다'라는 뜻이고 '기'는 '일어나다, 생기다'라는 뜻이다. 둘을 합한 '연기법'은 단독으로 존재하는 것은 하나도 없고 만물 현상이 원인과 조건에 의존해서 일어난다는 교리다. 석가가 얻은 깨달음에서 핵심을 차지하는 교리다. 석가가 깨달음을 얻은 직후 세상을 향해 공포한 첫 번째 교리가 "모든 존재는 인연에 따라 생멸한다"는 것이었다. 석가의 경전 가운데에는 주로 아함경阿含經 계열에 정리되어 있다. 연기법에는 종류가 많은데 석가는 12연기를 설했고 후대에 이를 정리, 발전시키는 과정에서 업감연기·아뢰야연기·진여연기·법계연기·육대체대연기 등 다섯 종류를 세웠다.

연기법은 인과법因果法과 짝으로 봐야 한다. 인과법은 모든 현상이 생기고 사라지는 것을 원인과 결과의 관계로 보는 교리다. 만물 현상은 어떤 원인에 의한 결과, 즉 원인과 결과가 함께 작동해야 성립된다는 교리다. 처음부터 있을 수도 없고 단독으로 성립될 수도 없다. 원인이 있어야 결과가 있고 원인이 사라지면 결과도 사라진다. 원인이 없는 결과는 없다. 모든 결과에는 원인이 있다. 현상은 무수한 원인과 조건이 관계해서 생기는 결과다. 이 원인과 조건의 종류에 따라 결과의 종류가 결정된다. 원인과 조건이 사라지면 현상도 사라진다.

여기에서 '인-연-과'를 함께 묶어 삼분법으로 볼 수도 있다. '인'은 원인으로 포괄적이고 단순하게 정의할 수 있다. '연'은 과를 끌어내기 위하여 '과를 향하여 간다'는 것이 불교적 의미로, 원인에 의해 일어나는 작용이거나 묶이고 엮이고 형성되는 관계라는 뜻이다. 이렇게 되면 '기起'라는 뜻과 같아져 '연기'라는 말이 성립된다. '과'는 그 결과 나타나는 만물 현상이다. 셋을 합하면 '원인-작용과 관계-결과'의 구도가 된다.

연기는 인연소기因緣所起나 인연생기因緣生起의 준말이기도 하다. '인'과 '연'은 엄밀히 말하면 다른 개념이다. '인'은 '직접원인, 생기게 하다'의 뜻이고 '연'은 '간접원인, 의존하다'의 뜻이다. 혹은 '인'은 원인이고 '연'은 조건이다. '인'의 뜻은 '연'을 어느 것으로 보느냐에 대응해서 정해진다. '연'을 '간접원인'으로 보면 '인'은 '직접원인'이 된다. 인연소기는 세상 만물과 모든 현상은 인과 연이 합해서 그것으로 말미암아 일어난다는 뜻이 된다. '연'을 '의존하다'로 보면 '인'은 포괄적 의미의 '원인'이 된다. 인연소기는 원인에 의존해서 그로인해 일어난다는 뜻이 된다. 두 뜻 모두 만물 현상은 원인이 작동한 결과라는 공통의 뜻을 갖는다. 인과 연이 모여서 작동하면 만물 현상이 생기고, 흩어지고 사라지면 만물 현상도 그렇게 된다.

한 현상이 일어났을 때 그 원인을 분석하고 추측하는 데에는 여러 단계가 있다. 살인사건을 예로 들어보자. 경찰은 치정이나 원한 관계 등의 단계까지 수사하고 끝낸다. 아주 직접적이고 가장 근거리의 이유다. 뉴스에서도 여기까지 발표하고 끝난다. 범죄 심리학자는 시간의 끈을 늘려서 좀 더 근본적이고 원거리의 이유를 찾으려 한다. 대표적인 것이 범인의 생육과정을 들여다보는 것이다. 어렸을

❝

한국인의 인연 개념에는 여러 뜻이 있다.
나에게 벌어지는 일은 내가 살아오면서
쌓은 공과 업의 결과다. 사람 사이의 관계를
소중하게 여기되 인력으로 어떻게 해 볼 수
없는 힘의 작용을 믿는다. 힘든 일이 벌어졌
을 때 그것을 극복하는 양면적 방법론이다.
정신적 힘의 바탕인 동시에
포기의 미학일 수도 있다.

❞

때의 이런저런 정신적 상처, 즉 트라우마라는 원인을 찾아낸다.

연기법은 훨씬 더 간다. 범인이 지금까지 살아오면서 살인을 저지를 수 있었던 대상은 여러 명이었을 텐데 왜 하필 이번에 숨진 사람만 대상이 되었을까. 수많은 과거의 생에 두 사람만의 악연이 쌓인 결과로 본다. 다만 이것이 지금 우리의 눈에 보이지 않을 뿐이다. 경찰의 수사와 범죄 심리학자의 분석은 모두 우리가 볼 수 있고 인지할 수 있는 범위 내에 한정된다. 연기법은 그 범위 밖에 우리의 인식체계로는 알지 못하는 다른 인과관계가 있다고 본다. 불교에서 인간의 행위를 가르는 쌍 개념인 공덕과 업보가 대표적이다. 지금의 나는 내가 수많은 전생에 쌓은 공덕功德과 업보業報가 '인'이 되어 복합적이고 기묘하게 작용(=연 혹은 연기)해서 나타나는 결과(과)라고 본다.

한국인이 좋아하는 인연이라는 말도 여기에서 나온 것이다. 인과법에서 '인'을 가져오고 연기법에서 '연'을 가져와서 합한 말이다. 혹은 인연소기에서 '소기'를 빼고 '인연'만 가져온 것으로 볼 수도 있다. 한국인의 인연 개념에는 여러 뜻이 들어있다. 나에게 벌어지는 일은 내가 살아오면서 쌓은 공과 업의 결과라는 인식이다. 사람 사이의 관계를 소중하게 여기되 인력으로 어떻게 해 볼 수 없는 힘의 작용을 믿는 것이기도 하다. 힘든 일이 벌어졌을 때 그것을 극복하는 양면적 방법론이다. 정신적 힘의 바탕인 동시에 반대로 포기의 미학일 수도 있다.

연기법은 석가의 깨달음을 집약한 교리다. 불교의 다른 중요한 교리가 연기법과 밀접하게 연관되거나 여기에서 파생된다. 공사상이 대표적이다. 실체는 그 자체로 존재하지 않으며 인과 연 사이의 관계로만 정의되므로 '공'한 것이 된다. '관계'는 보이지도 잡히지도 않으며 늘 변하므로 '공'하다. 연기하고 있는 사실, 즉 연기의 관계만 인정하고 그 외의 고정적 실체를 인정하지 않는다. 공사상은 무아사상과 윤회론과도 연관된다. 공사상을 나에게 적용하면 무아無我가 된다. 나를 포함한 만물에는 고정된 실체가 없다. 공사상은 윤회론의 근거기도 하다. 윤회론이 성립되려면 주체가 생멸의 변화가 없이 고정되어서는 안 되기 때문이다. 상주불변常住不變을 벗어나 늘 변화하는 상태에 있어야 윤회론이 성립되는데, 이런 늘 변화하는 상태가 바로 실체로 정의될 수 없는 '인과 연 사이의 관계'인 것이다.

문을 통한 액자 작용이 연기법에 대응될 수 있는 근거는 상식적이고 간단하다. 문을 기준으로 앞쪽 영역과 뒤쪽 영역이 존재하게 되는데 앞쪽 영역이 있으므로 뒤쪽 영역이 있고 반대로 뒤쪽 영역이 있으므로 앞쪽 영역이 있게 되는 것이다. 즉 문이 하나의 '인'으로 작용하며 그로 인해 공간에 단락이 일어나고 각 단락의 공간 성격이 정의되는 '연'이 일어난다. 이런 '연'을 다 모으면 '과'로서의 전체가 완성된다.

이런 대응은 비단 사찰에만 국한된 것은 아니다. 한국 전통건축 전반에 해당되는 특징이다. 궁궐, 한옥, 서원, 사찰 등 한국 전통건축은 기능 유형에 상관없이 모두 전체를 여러 영역으로 나눈 뒤 이것들을 문으로 연결해주는 구성으로 이루어지기 때문이다. 이런 가운데 사찰의 문에서 연기의 성격이 특히 더 강한데 그 이유는 사찰의 건축 구성이 축에 의한 연속 공간으로 이루어지는 경우가 많기 때문이다.

일주문에서 주불전까지 하나의 긴 축으로 이어진다. 이 축을 적당한 길이로 끊으면서 중간의 여러 곳에 천왕문, 금강문, 중문, 해탈문 등의 문을 낸다. 이런 문들을 마디로 삼아 앞뒤 영역이 서로에게 인연이 되어 각 사찰만의 스토리를 만들어낸다. 사찰 공간은 이 모든 것의 합이다. 어느 것 하나만 빠져도 사찰은 성립되지 않는다. 앞이 있으니 뒤가 있는 것이고 뒤가 있으니 앞이 있는 것이다. 앞이 생겨났으니 뒤가 생겨난 것이고 뒤가 생겨났으니 앞이 생겨난 것이다.

두 그루의 갈대가 하나로 묶여 있는 상태에 비유될 수 있다. 두 갈대는 서로 상대방에게 의존한다. 이것이 있으므로 저것이 있고 저것이 있으므로 이것이 있다. 어느 하나를 떼어 내면 다른 하나는 넘어진다. 이것이 없으므로 저것이 없고 저것이 없으므로 이것이 없다. 사찰 공간의 구성도 마찬가지다. 앞뒤 영역은 문을 기준으로 마치 두 그루의 갈대처럼 서로에게 의존하며 존재한다. 한 영역을 조성하니 그것이 '인'이 되어 '연'으로 작용해서 그 다음 영역(소)을 일으킨다(기). 사찰 공간은 이런 연속 작용을 모두 모은 연속공간으로 이루어진다. 만약 한 영역만 따

사찰 공간은 이런 연속 작용을 모두 모은 연속공간으로 이루어진다. 만약 한 영역만 따로 떼어 내면 다른 영역도 따라서 사라지고 마침내 사찰 공간 전체가 사라진다.

로 떼어내면 다른 영역도 따라서 사라지고 마침내 사찰 공간 전체가 사라진다.

부석사 중문에서 액자 작용을 통한 연기를 보자. 범종루는 크고 직설적으로 연기를 일으킨다. 바로 앞뒤로 이어지므로 직접적이고 직설적이다. 중문에서 받는 연기의 힘이 커서 그 작동이 강하게 일어난다. 중문이 갖는 '인'의 힘이 커서 나를 범종루까지 끌어올려주는 것 같은 느낌이다. 무량수전은 은근하고 은유적이다. 범종루 뒤에 숨어서 고개만 살짝 내밀어 보이지만 여기서 그 존재를 드러내는 '인'을 지었기에 나중에 크게 만나는 '과'를 약속한다. 중문의 액자를 통해서 살짝 보는 '인'에 의존(연)해서 그로 말미암아(소) 무량수전 앞에 서게 되는 결과가 일어나게(기) 되는 것이다.

범종루 앞마을에서의 쉼-돈오점수에서 중생을 둘러보다

중문을 나오면 범종루 영역이다. 범종루가 부석사의 전체 배치구도 내에서 갖는 성격을 규명할 필요가 있다. 중문을 짓기 전에는 범종루를 보통 중문으로 분류했다. 누각이지만 누하진입을 통해 문의 기능을 하기 때문이다. 이때 천왕문과 안양루 사이에 위치하면서 산사 삼문에 해당되지 않아서 따로 문 이름을 받지 않고 중성적인 성격의 중문으로 분류되었다. 그런데 진짜 중문을 지으면서 범종류의 성격이 다소 애매해졌다. 일단 이름은 원래 이름인 범종루 그대로 부르는 것이 좋아 보인다. 다음으로, 누하진입이 갖는 문의 성격과 기능은 세 가지로 볼 수 있다.

첫째, 여전히 중문으로 보는 것이다. 새로 지은 중문의 연속으로 보면 중문이 둘이 되어 아래쪽을 제1 중문, 범종루를 제2 중문으로 부를 수 있다. 또 하나의 중문으로 볼 수 있는 근거는 아래쪽 중문의 액자 작용에서 찾을 수 있다. 문의 액자 속에 범종루의 전경이 온전히 들어온다. 이는 액자를 매개로 한 연기 작용이 크다는 뜻이다. 바꿔 말하면 범종루가 아래쪽 중문을 '인'으로 삼은 '과'가 될 수 있다는 뜻이다. 중문이라는 인연이 계속된다.

둘째, 해탈문의 하나로 보는 것이다. 범종루는 안양루와 조합으로 볼 수 있고 이렇게 되면 안양루가 갖는 해탈문의 기능을 공유하는 것이 된다. 그 근거는 둘 모두 누각이면서 기둥 숲을 지나는 누하진입의 문 형식을 갖추고 있기 때문이다. 누하진입이 갖는 극적인 특징은 분명 해탈문에 적합하다. 무량수전 앞으로 나아가는 해탈문을 두 누각에 걸쳐 긴 길이로 끌고 가면서 극적으로 증폭시키는 것이다. 이렇게 되면 범종루가 제1 해탈문, 안양루가 제2 해탈문이 된다(사진 20, 21).

셋째, 그도 저도 아닌 독립적인 문으로 볼 수 있다. 이럴 경우 중문도 해탈문도 아닌 별도의 문 이름을 찾아야 한다. 범종루에서 따온 '범종문'이라는 사실적인 이름을 생각해볼 수 있다. 물론 한국 사찰에서 이런 문은 내가 알기에 없다. 하지만 최근 들어 사찰의 건축 구성과 전각의 명칭에서 전통적인 통례를 벗어나는 움직임이 일고 있어서 범종문이라는 이름도 과도한 일탈로 보이지는 않는다. 특히 건물의 본 명칭에 근거한 정직한 사실성이라는 강점이 있어서 더 그렇다. 이것도 아니면 문 이름을 붙이지 않고 그냥 놔두는 것도

20. 범종루. 누하진입을 문으로 보면 안양루와 짝이 되어 제1 해탈문으로 볼 수 있다. 누하진입 속으로 어렴풋이 안양루 계단이 보인다.

21. 안양루 누하진입의 기둥 사이로 내려다 본 범종루. 안양루가 해탈문이므로 두 누각은 제1 해탈문과 제2 해탈문으로 짝을 이룬다.

좋은 방법이다. 굳이 문 이름을 붙이려는 것도 알고 보면 인간의 일이지 건물 본연의 일은 아니기 때문이다.

범종루가 중문이 될 수 있는 또 다른 조건이 있다. 만약 새로 지은 중문을 금강문으로 꾸밀 경우 범종루는 원래의 중문 기능을 회복할 것이다. 중문은 범종루 하나만 남게 된다. 중문이 하나도 없고 해탈문만 둘로 보는 것보다는 둘 중 범종루는 중문이 되고 안양루는 해탈문이 되는 것이 균형이 맞기 때문이다. 다만 앞에서 말했듯이 범종루의 건축형식과 그 성격이 안양루와 같아서 설사 아래쪽 중문이 금강문으로 바뀐다 해도 범종루를 여전히 제1 해탈문으로 보는 것이 더 정확할 수도 있다. 아래쪽 중문을 금강문으로 바꾸는 것도 적절치 않을 수 있다. 금강문은 보통 천왕문 앞에 나오는데 부석사에서는 천왕문 뒤에 위치하기 때문이다.

물론 정답은 없다. 범종루의 문 성격에 대해서 가능한 여러 대안을 언급했다는 것에 의미를 두자. 다만 전각 하나에서 이렇게 다양한 대안과 해석이 나올 수 있다는 사실 자체가 부석사의 공간 배치가 그만큼 다양하고 기묘하다는 것을 말해주는 것이다. 다음 주제로 넘어가자. 우선 범종루 앞에 형성된 넓은 공간이 눈에 들어온다. 이곳의 성격과 의미를 어떻게 정의하는가는 중요한 문제다. 이곳에서는 상반된 분위기를 느낀다.

하나는 앞에서 중문을 향해 오르던 긴장감이 계속되는 것이다. 진행 방향과 같은 종 방향으로 난 세 축 때문이다. 가운데의 일직선 길이 중심축을 이루며 그 양옆으로 전각이 도열하면서 종 방향으로 축 둘을 더한다. 전각들이 앉은 방향이 특이하다. 지붕을 보니 모두

나를 향해 박공을 내보인다(사진 22). 진행 방향과 평행하게 앉은 것이다. 마치 병사가 도열해서 계속 전진하라고 응원하는 것 같다. 계속 오르고 싶으면 이 세 축을 잡고 범종루를 향해 내달리면 된다.

다른 하나는 편안하게 쉬어가는 느낌이다. 앞의 긴장감이 부담스럽다면 이 편안함을 잡고 한숨 돌릴 수 있다. 편안함은 마을 분위기와 횡 방향 축 둘이 만들어준다. 범종류 앞 영역은 마을 분위기가 난다. 사찰 공간 속에서 이 정도면 주거 분위기를 잘 보여주는 것이다. 특히 사진 22에서 우측이 병사가 도열한 것 같은 것과는 확연히 다르다(사진 23). 전체적으로는 안정감이 강하다. 중정 느낌은 안 나지만 긴 오름 끝에 맞이하는 평지라 마음을 한 번 쉬어갈 수 있다. 시골 어느 전원마을에 온 것 같은 느낌이다. 평지 공간에 이것저것

22. 범종루 앞 전경. 중심축 옆의 건물이 모두 박공을 보이며 범종루와 같은 방향으로 앉아 제2의 종축을 이룬다.

23. 범종루 앞 전경. 평화로운 마을 분위기를 보이며 급한 오름 중간에 쉬어 가라고 한다.

소소한 것을 마련한 점도 그렇다. 도열한 전각 가운데 살림집 형태를 한 요사가 있고 꽃과 나무를 심어 정원처럼 꾸몄다. 일상성의 미학으로 편안함을 준다.

여기에 쌍둥이 삼층석탑이 횡 방향 축을 만들어 종 방향의 진행 동선에 브레이크를 건다(사진 24). 사찰에서 탑은 불전에 맞먹는 중요성을 갖는다. 두 탑을 이으면 진행 방향과 직각 방향으로 또 하나의 축이 만들어진다. 시선의 축이기도 하고 실제 동선의 축이기도 하다. 탑의 개수를 기준으로 하면 범종루 앞마당은 이탑식 가람이 된다. 두 탑은 부석사에서 200미터 가량 떨어진 옛 절터에 있던 것

을 이곳으로 옮긴 것이다. 통일신라 후기 양식을 잘 보여준다. 탑을 옮길 때 세워져 있던 비석에 의하면 서탑에는 익산 왕궁리 오층석탑에서 나누어 온 사리를 보관하고 있다고 한다. 높이는 동탑이 360㎝, 서탑이 377㎝여서 탑치고는 높지 않다. 쉼의 느낌을 돕는 데 적절한 휴먼 스케일이다.

내달림과 쉼 가운데 하나를 고르라면 나는 쉼을 택하겠다. 이쯤에서 쉬어가는 것이 좋다. 일주문부터 천왕문을 거쳐 중문까지 너

24. 범종루 앞 영역과 삼층석탑. 쌍둥이 탑을 잇는 횡축이 종축의 급한 동선에 브레이크를 건다.

무 달렸다. 어느 스님도 "멈추면 비로소 보인다"라고 하지 않았던가. 쉬면서 범종루 앞의 마을을 바라보았다. 범종루 영역은 이를테면 중간 기지쯤에 해당된다. 깨달음을 향한 급한 오름 중간에 지친 몸과 마음을 쉬어가는 곳이다. 안양루를 올라 무량수전의 정점으로 나아가는 마지막 오름 전에 호흡을 가다듬고 몸과 마음을 추스르는 곳이다. 이렇게 되면 부석사의 점증 구성은 돈오점수가 된다.

이쯤에서 돈오점수 얘기를 좀 더 해보자. 사자처럼 용맹정진해서 한 번의 고꾸라짐도 없이 단기간 내에 깨달음에 이르면 더 없이 좋을 것이다. 그러나 수도자의 길이라는 것이 어찌 그럴 것인가. 수행 길의 중간에 수없이 넘어졌다 다시 일어나야 한다. 이것을 담아줄 쉼의 공간이 필요하다.

구도의 팔부 능선을 넘을 즈음, 만약 가슴을 다친 중생이 피를 철철 흘리며 구도자를 붙들고 인생의 무게를 토로할 때, 실패했다 쉬어 본 구도자의 정성이 더 부드럽지 않을까. 돈오돈수를 경험한 구도자라면 참고 견디며 노력하라고 할 것이다. 돈오점수를 경험한 구도자라면 일단 넘어져 흘리는 피부터 닦아주고 가슴부터 보듬을 것이다. 범종루 영역에서는 돈오점수의 '점'을 구성하는 중요한 마디인 쉬어감의 미학을 느낄 수 있다. 해가 잘 드는 평지에 불심이 깃든 건물들로 둘러싸인 신비한 마을 같다. 이미 저 위에 살짝 모습을 드러낸 무량수전이 있어서 심리적 뒷받침을 해준다.

범종루의 누하진입-단계론과 연기법을 풍성하게 극화하다

　이제 범종루를 오를 차례다. 앞마을에서 잘 쉬었으니 다시 오른다. 범종루에서는 중문에서 시작된 단계론과 연기법이 반복되면서 증폭된다. 단계론과 연기법 모두 누하진입樓下進入이 가미되면서 더욱 풍성해진다. 누하진입을 먼저 살펴보자. 말 그대로 '누각 밑을 통해 들어가서 통과한다'는 뜻이다. 누각의 2층을 받치는 1층 기둥 사이로 들어가서 누각 밑의 기둥 숲을 통과하는 방식이다(사진 25). 평지에서는 그냥 기둥 숲을 통과해서 나가면 된다. 경사지에서는 추가 처리가 붙는다. 경사를 오르기 위해 마지막 나가는 곳에 계

25. 범종루 정면 누하진입 입구. 누각의 1층 기둥 사이가 문이다.

26. 범종루 누하진입 중간의 기둥 숲. 끝에 계단이 붙고 그 위로 성인이 드나들 만한 구멍이 나 있다.

단을 내야 한다(사진 26). 그 계단을 올라 누각 후면 2층 바닥의 밑을 통과해서 나가게 된다. 기둥이 정자를 받친다는 누각의 건축적 특징을 경사지에 활용해서 얻어낸 기법이다. 한국 산사 대부분에서 볼 수 있는 매우 보편적인 진입 형식이지만 어떤 면에서는 한국 사찰에만 있는 독특한 기법이기도 하다.

이런 누하진입은 단계론과 연기법 모두에 해당된다. 계단을 끼고 주불전을 향해 오르니 단계론이다. 계단 끝에 달린 작은 구멍이 문의 기능을 하면서 액자 작용을 하니 연기법에 해당된다. 앞의 중문에서 계단과 정식 문을 통해서 있었던 두 작용이 범종루와 안양루에서는 누각으로 건물 종류가 바뀌어 누하진입을 통해 일어나고 있는 것이다. 중문과 합해서 보면 단계론과 연기법을 구사하는 건축 기법이 다양하게 세분된 것이다. 이 가운데 누하진입은 단계론과 연기법 모두 극화시키는 작용을 하면서 그 불교적 의미와 건축적 경험 모두를 풍성하게 해준다.

단계론을 보자. 누각 밑으로 기어들어가서 어두운 기둥 숲을 지난 뒤 계단을 오르는 동선은 매우 극적이다. 극적 처리는 주불전을 향한 집중도를 높여준다. 어두운 기둥 숲을 지나는 과정 자체가 수행 과정을 건축형식으로 상징화한 것으로 해석할 수 있다. 무엇인가를 급하게 준비하라고 다그치는 것 같다. 깨달음을 기다리는 준비일게다. 단계론을 설한다. 부석사에서는 무량수전을 만나는 준비일게다.

연기법도 마찬가지로 극화된다. 누하진입에서 실제 문짝을 단 진짜 문은 없다. 그러나 문 작용을 하는 건축 장치가 여러 겹 이어진다. 우선 누각 밑으로 들어가는 발걸음 자체가 문으로 들어가는 것에 대응될 수 있다. 누각 밑의 기둥 숲을 걷다 보면 동굴 속을 통과하는 것 같은 느낌을 갖게 된다. 그 과정은 매우 크고 길며 특이하게 꾸민 거대한 문을 통과하는 경험에 대응된다. 누각 전체가 하나의 거대한 문이 된다. 이 문을 기준으로 앞뒤 공간이 구별되고 그 성격도 구별된다. 이 문을 기준으로 앞뒤 마디가 이어지며 건축 스토리를 만들어낸다. 여러 마디가 연속으로 이어지면서 연기법의 조건을 만족시킨다. 문이 아닌 것이 극적인 방식으로 문의 작용을 하므로 문에 내재된 연기법의 의미는 풍성해진다.

마지막으로 계단 끝에 달린 작은 구멍은 아주 훌륭한 문이 된다.

27. 범종루 누하진입의 출구. 계단 위로 난 구멍을 액자 삼아 담긴 안양루와 무량수전 풍경

이 문 속에 앞쪽 전각이 담기며 액자 작용을 한다. 범종루의 누하진입에서는 안양루와 무량수전이 담긴다(사진 27). 앞의 단계론에서 사람을 올리던 마지막 구멍이 이번에는 액자를 이룬다. 문을 통한 액자 작용이 그렇듯, 누하진입에서도 액자 속에 무엇을 담는가가 핵심이다. 표준은 한가운데에서 보는 것이다. 우선 안양루가 들어온다. 범종루와 안양루 사이에 '인'과 '연'의 관계가 형성되었다. 둘은 서로를 '인'으로 삼아 '연'의 작용에 들었으며 그것의 '과'로 존재하게 된다.

　진짜 핵심은 액자를 통해서 무량수전을 살짝 볼 수 있다는 점이다. 이미 앞의 중문부터 나타나던 장면이다. 무량수전은 계속 '살짝 보여주기'를 고수한다. 한 번에 덥석 잡는 인연을 경계하는 것일까. 인연은 그만큼 애태우며 조금씩 맺어야 한다는 뜻일까. 머뭇거리다 전진하고 용기를 냈다 후퇴하는 것이 인연이다. 모든 인연은 겸손하게 큰 무게로 받아야 한다. 옆모습만 살짝 보여주면 며칠이고 몇 달이고 심지어 몇 년, 아니 숫제 일평생이라도 마음 졸이며 익히고 익혀 기다려야 하는 것이 인연 아니던가.

우주 자연과 인간 세상에 어찌 연기가 없겠는가. 하지만 연기의 굴레를 벗어나야 하는 것도 불교 수행의 종착점이다. 놓을 수도 없고 붙들 수도 없는 것이 연기의 묘한 양면성이다. 없을 수 없지만 없어야 좋은 것이 불교에서 말하는 연기다. 범종루 누하진입의 액자 앞에서 무량수전의 살짝 비친 모습을 보고 다시 한번 지나온 나의 연기에 대해서 생각해 본다. 그리워했고 사랑했고 미워했고 떠났고 만났던 수많은 인연. 참았고 울었고 품었고 웃었던 수많은 인연. 나의 짧은 인생에도 거미줄보다 더 복잡한 연기가 얽혀 있다. 하물며 인간 세상과 자연 우주는 어떨까. 사람 머릿속 숫자와 기억으로는 헤아릴 수 없는 무한대의 연기가 얽혀 있지 않는가. 같은 뜻은 아니지만 무량수전의 '무량'이 떠오른다.

안양루의 마지막 오름-돈오는 연기를 깨닫는 수행이다

범종루 누하진입을 오르자 안양루 영역이다. 마지막 오름을 준비하기 위해서일까. 많이 비운 편이다. 범종루 앞마을과 비교하면 확연하다. 낮은 기단을 한 단 쌓은 것이 전부다. 굳이 채웠다는 것이 간단한 당간지주 한 쌍과 약수터 정도다(사진 28). 왼쪽 옆으로 비

28. 안양루 전경. 마지막 오름을 준비하기 위해서인지 범종루보다 앞을 많이 비웠다.

29. 취현암. 안양루 앞의 빈 공간에 불교적 의미를 더해주는 정갈한 모습

껴서 한옥 형식의 요사 한 채가 인사하듯 맞는다. 취현암醉玄庵이다(사진 29). 살짝 한 걸음 마중 나온 형국이다. 건물 앞을 나무들이 막고 서 있는데 겨울이라 잎이 떨어져서 나목 가지 사이로 건물 모습이 조금 보인다. 단아한 한옥 살림집이다. 끄트머리를 지키는 낮은 석등과 잘 어울린다.

안양루 영역은 범종루 영역보다 더 정적이라 그런지 매우 편안하게 해준다. 편안함의 크기만 보면 범종루보다 더 크다. 종류가 다르다. 범종루 앞의 편안함이 일상성에서 오는 것이라면 이곳 안양루 앞은 많이 비운 데서 온다. 비운 이유는 짐작이 간다. 무량수전을 만나기 전에 마음을 추스리라는 뜻일 게다. 아니 이미 무량수전은 이곳까지 내려온 형국이다. 비운 공간을 무량수전이 채웠다고 할 수 있다. 무량수전의 모습을 방해하지 않기 위해 비운 것일 수도 있다.

 무량수전은 저 위에 있는데 내려왔다는 게 무슨 말일까. 안양루를 올려보면 된다. 왼쪽 뒤로 무량수전의 일부분이 겹쳐 보인다(사진 28, 30). 앞에서 중문에서 시작해서 범종루를 거치며 계속되던 장면이다. 중첩의 미학이다. 이번에는 문과 액자를 통한 공간 중첩이 아니고 건물 중첩이다. 부석사 전반에 걸쳐 나타나는 특징인데, 개방적 축형이라는 부석사 배치의 특징에서 기인한다. 분리된 영역이 없기 때문에 주요 건물이 담 속에 숨지 않고 노출되어 있다. 이렇게 개방된 건물이 일직선 축 위에 차례대로 배치되었기 때문에 앞뒤로 건물 중첩이 일어난다. 문과 누하진입을 많이 썼기 때문에 중첩을 돕는다.

30. 안양루와 왼쪽 위의 무량수전. 무량수전은 상당히 큰 모습으로 이미 이곳에 내려와 있다. '부석사'와 '안양문'이라는 두 현판이 위아래에 걸려 있는데 위 글씨는 이승만 대통령이 쓴 것으로 알려져 있다.

무량수전은 이번에도 일부분만 보인다. 벌써 세 번째다. 하지만 다르다. 저 아래 중문과 범종루 액자 속에서 보던 것과 많이 다르다. 액자가 사라지고 모습이 커졌다. 전모는 아니지만 눈앞에 실체로 성큼 다가온다. 지붕이 절반 이상 보이는데 모자를 깊게 눌러 쓴 것 같은 무게감을 준다. 그 아래에 건물 몸통 윗부분이 보인다. 미술사책이나 건축사책에 나오는 주심포도 보이고 무엇보다 무량수전의 대표색인 황토색이 햇빛을 받아 밝게 빛난다. 아래쪽 중문과 범종루 액자 사이로 '살짝' 보던 것과 완전히 다르다. 무엇인가 거대한 세계가 있음을 직감할 수 있다.

열림과 가림의 조작을 통해 건물의 일부만 보여주면서 건물의 존재를 암시하는 건축 기법을 연기에 대응할 수 있다면, 이곳에서 보는 무량수전의 암시는 이제 연기의 참뜻을 충분히 깨닫고 깨달음의 마지막 절정을 천둥소리처럼 내리는 것 같다. 안양루 영역에서 할 수 있는 최고의 일은 무량수전을 올려보는 것이다. 안양루로 바로 달려가면 안 된다. 안양루는 다음 순서다. 무량수전을 저렇게 보이게 배치한 것은 뜻이 있어서일 것이다. 무량수전을 내려 연기의 완성을 준비하는 것이 먼저다.

중요한 결론이 나온다. 부석사에서 돈점이교의 목적은 연기를 깨닫는 것이다. 안양루는 무량수전으로 나아가는 오름 수행의 마지막 관문이다. 그 앞에서 무량수전을 중첩시켜 연기를 강하게 암시한다. 둘을 합하면 된다. 단계론에 연기법을 합한 것이 부석사 전체의 교리다. 중문에서 시작해서 범종루에서 극화된 뒤 이곳 안양루에서 절정을 맞는다. 힘든 오름과 무량수전의 존재라는 둘이 부석사의 생명이다. 둘을 합한 것이 부석사가 말하는 교리다. 돈점이 교의 수행을 통해 연기를 깨달으라는 것이다.

안양루 영역을 비운 것도 같은 이치다. 원래 연기법은 공사상과 같은 말이다. 고정되지 않고 고형에 매이지 않는 것이 연기인데 이것은 곧 공의 뜻이기도 하다. 교리에서는 연기법과 공사상이 같은 말이라고 쉽게 말할 수 있지만 사찰에서 이것을 건축으로 구현하는 것은 쉽지 않은 일이다. 건물은 기본적으로 고형 구조물이기 때문이다. 연기 개념은 항변하는 건물 사이의 관계로 푸는 것이 좋은데 이럴 경우 건물 수가 많아져 공이 깨진다. 이곳 안양루 영역은 이런 자기모순을 해결한 좋은 예다.

이제 안양루 앞에 설 차례다. 이번에도 범종루 앞과 마찬가지로 중앙에 좁은 길을 냈다. 한 가지 차이는 중간에 한 번 꺾인다는 점이다. 자연지형에 맞춘 것일 텐데, 결과적으로는 풍경효과를 높여준다. 안양루와 그 위의 무량수전과 다시 그 뒤의 둥그런 산등성을 합한 아름다운 풍경화 한 폭이 있다. 부석사의 주인공들이다. 멋지게 소개하고 싶었을 것이다. 어떻게 배치해야 좋을까. 소개자가 한 발 옆으로 비켜서서 일단 눈길을 조금 옆으로 몬 뒤 주인공을 중앙에 등장시키는 것이다. 이런 무대 기법을 자연 속 건물 배치로 환원하면 이 장면이 된다.

범종루를 통과한 동선이 처음 마주치는 주인공들은 약간 오른쪽으로 비켜나 있다. 동선이 진행되고 중간에서 한 번 꺾으면 전면에 주인공들이 병풍처럼 드러난다. 폭포수처럼 쏟아진다는 말이 더 맞을 수도 있다(사진 31). 말을 잊는다. 시각으로 받지만 마음으

31. 안양루와 무량수전 전경. 뒷산인 봉황산과 함께 부석사의 주인공이 옆으로 비켜서서 손님의 발걸음을 인도한다.

로 들어온다. 이내 사변 교리를 말한다. 주변을 물리고 무량수전 앞에 단독으로 섰을 때의 감동이 단연 클 것인데, 이곳 안양루 앞에서의 장면도 그와 동일하다. 뒤의 봉황산까지 넣어서 주인공이 셋이다. 안양루나 무량수전이나 모두 건물 규모는 크지 않지만 건축기법과 불교 교리를 합해서 천둥치는 불교적 감동을 준다. 이런 걸 보고 웅장하다고 하는 것이다. 화엄의 순간일 수도 있다. '화엄'에 '장엄'의 뜻이 들어있지 않은가. 그러고 보니 부석사는 화엄종찰이 아니던가. 이미 안양루 앞에 서는 것만으로도 돈오에 이르는 깨달음을 맛본다.

　다른 주인공들과 함께 원경으로 무량수전을 소개하는 장면을 봤

32. 안양루 누하진입. 기둥 숲 끝에 계단을 붙였고 그 위에 출구 구멍이 나 있다.

다. 이제 그 앞으로 나아가는 마지막 관문, 안양루 누하진입을 오를 차례다. 누하진입이라는 점에서 대체로 범종루와 비슷하다. 누각 앞에서 계단을 오르고 누각 밑의 기둥 숲을 통과한 뒤 그 끝에 달린 계단을 올라 액자 구멍으로 나오는 동선 처리다(사진 32). 이런 동선이 갖는 동굴 느낌과 오름을 독촉하는 돈교와의 대응 등도 비슷한 특징이다.

누각이지만 앞에서 보면 문이고 다 오르면 누각이다. 안양루는 누하진입이 갖는 이런 양면성을 현판을 통해 확실히 말해준다. 이런 점에서 누하진입의 교과서라 할 수 있다. 현판이 앞뒤가 다르다. 앞에는 '안양문'이라고 썼고 뒤에는 '안양루'라고 썼다(사진 10, 33,

33. 안양루 정면 누하진입 입구의 현판. '안양문'이라고 써서 문의 기능을 말한다.

34. 안양루 후면의 현판. '안양루'라고 써서 이 건물이 누각임을 말한다. 전형적인 누각 모습이다.

35. 안양루 전경. 전면에 25단의 급한 계단을 달고 오름을 재촉한다. 진행 방향에 직각으로 앉아 정면을 보이는 것은 손님을 맞는 예절이다.

34). 누하진입이 일어나는 앞쪽은 문이라는 뜻이고 다 오른 다음 뒤에서 보면 누각이라는 뜻이다. 한국의 산사에서 누하진입은 흔하게 볼 수 있는 건축 구성이지만 현판을 이용해서 이렇게 밝히는 경우는 이곳 이외에 찾기 어렵다.

차이도 있다.(사진 24, 28, 35) 범종루는 지붕 박공이 동선 위에 있는 반면 안양루는 양옆에 있다. 범종루는 동선과 평행하게 놓였고 안양루는 직각으로 놓였다는 뜻이다. 안양루의 이런 배치는 문의 형식성을 높인 것으로, 안양루가 해탈문에 해당되기 때문으로 볼 수 있다. 손님을 맞는 예절 느낌도 더 강하다. 누각 전면이 앞을 막아서기 때문에 주인이 나서서 손님을 맞는 형국이다. 발걸음을 일단 멈추고 주인을 대면하며 인사를 한다. 하지만 안양루 앞 계단은 발걸음을 무량수전 쪽으로 급하게 몰아간다. 범종루처럼 우선 6단의 낮은 계단으로 간단히 몸을 푼다. 본 계단은 완전히 다르다. 이번에는 무려 25단이 쉬지 않고 일직선으로 오른다. 과하다. 챌판 높이도 높은 편이어서 도심 건물로 치면 2개 층에 근접하는 높이를 한 번에 오르는 것이다.

급한 계단을 오르자 안양루 누하진입이 시작된다. 이번에도 기둥 숲인데 수가 좀 적다. 옆으로 4열, 안으로 2열, 2 × 4 = 8개다. 이 진입은 부석사의 해탈문에 해당된다. 저 안쪽 깊은 곳, 기둥 사이에 계단이 나 있고 그 끝에 기단 윗부분을 찢고 사람 나갈 구멍이 나 있다. 무량수전이 오롯이 들어있다(사진 36). 지붕도 보이고 주심포 양식의 공포도 보인다. 정자살의 문살도 보이고 석등도 보인다. 노란 벽면에 문의 수와 문짝의 폭도 확인할 수 있다. 부분으로 잘랐지만

36. 안양루 누하진입 출구. 계단 위에 난 구멍 액자 속에 무량수전과 석등이 오롯이 들어온다. 무량수전의 주심포 양식을 뚜렷이 읽을 수 있다.

무량수전을 대표하는 요소가 다 들어있다.

안 믿기겠지만 이 작은 구멍이 해탈문이다. 마지막 계단을 올라 누각 밑을 통과하려면 머리를 숙여야 하는데 이는 주불전의 불상 앞에 나아가는 마지막 단계다. 그래서 해탈을 상징한다. 단계론을 강화해주는 기능을 한다. 주불전에 대해 자연스럽게 혹은 강제적으로 인사를 하게 만들기 때문이다. 이는 단계론의 종점인 주불전의 깨달음에 대한 종교적 경의를 표하는 것이다.

점잖은 무량수전-수평선·주심포·침묵

드디어 무량수전에 올랐다. 긴 여정을 마쳤다. 무량수전 앞에 섰다. 힘들다면 힘든 여정이었다. 육체는 힘들었고 감성과 정신은 즐거웠다. 어쨌든 드디어 무량수전 앞에 섰다. 무량수전을 어떻게 맞을까. 어떻게 읽고 해석할까. 무량수전은 이미 내 눈앞에서 춤추고

37. 무량수전 정면 전경. 옆으로 긴 수평 비례와 지붕이 만들어내는 편안한 안정감과 점잖은 모습

있었다. 언뜻, 점잖은 모습이 보인다. 둘 가운데 하나를 고르라면 춤추는 모습을 고르겠다. 내 눈에는 춤추는 것으로 보인다.

보통 점잖은 건물로 알려져 있다. 점잖은 특징에 대해서 먼저 살펴보자. 물론 조형적 의미다. 점잖다는 것은 사람에게 쓰는 말이고 건물에 이 말을 쓴 것은 의인화한 것이다. 조형적으로 볼 때 역동적이지 않고 정적인 특징을 이렇게 의인화한 것이다. 두 면에서 그렇다. 첫째, 비례다. 옆으로 길고 넓적하다. 안정감을 준다. 넉넉하

38. 무량수전. 사선 방향에서 본 기둥 구조. 기둥 위에만 공포 구조가 놓인 주심포 양식의 간결한 모습

게 품을 내주고 세속에 지친 방문객을 안아준다(사진 37). 둘째, 공포(栱包, 지붕 처마의 무게를 받기 위해 기둥머리 위해 나무를 짜 맞춘 구조 부재)로, 한국 사찰의 주불전 가운데는 흔치 않은 주심포 양식이다(사진 38). 공포를 기둥 위에만 넣으면 주심포 양식이고 기둥 사이에까지 추가로 넣으면 다포식이다. 주심포는 구조적으로 필요한 부재고 다포식부터는 멋을 내기 위해 추가로 넣은 것이다. 주심포는 화려하지 않고 단조롭지만 반대로 정갈하고 단아하다. 점잖다면 다포식보다는 주심포가 제격이다.

점잖은 두 특징인 넓적한 비율과 주심포 모두 '가장 오래된'이라는 연대에서 나온 것으로 볼 수 있다. 부석사 무량수전하면 봉정사 극락전과 함께 "현존하는 한국 최고最古의 목조 건물"이라는 기록을 다툰다. 아직 정확한 건립 연도는 밝혀지지 않았다. 한때 여말선초인 1392~94년경이나 고려 우왕 2년(1376) 등이 거론되다가 최근에는 13세기 초 고려 중기까지 올려 잡는 주장이 설득력을 얻고 있다. 이런 나이에 걸맞게 국보 제18호다.

오래된만큼 점잖은 것이다. 물론 오래되었다고 다 점잖은 것은 아니다. 넓적한 비례와 주심포 모두 고려 시대에서 여말선초에 유행하던 특징이라서 적어도 무량수전에게는 오래되었기 때문에 점잖다는 말이 잘 맞는다. 이 시기에는 아직 주심포가 주류였고 건물도 수평 비례를 유지했다. 이런 특징은 조선 시대가 진행되면서 점차 사라졌다. 주심포는 조선 초까지 사용되었고 그 이후는 다포식이 유행하면서 공포도 점차 화려해졌다. 조선 중기를 넘기면서 건물의 폭은 좁아지는 대신 자꾸 높아져 수직 비례를 띠게 된다. 현재 한국 사찰은 대부분 조선시대에 다시 지은 것이어서 주불전은 거의 다포식이며 비례도 수직성을 띤다. 무량수전은 몇 안 되는 주심포 양식의 대표적인 건물이자 옆으로 넓적한 건물이다.

나는 이런 모습이 좋다. 다포식은 너무 흔하려니와 기둥 사이를 촘촘히 채운 공포를 보노라면 나름 멋은 있지만 늘 과하다는 느낌이 든다. 수직 비례도 마찬가지다. 웅장한 느낌은 줄지언정 위압감을 지울 수 없다. 절을 찾는 심리는 각박하고 사나운 속세에서 벗어나 친절하고 편안한 불토를 느끼고 싶은 것일 터인데, 수직으로 버

티고 서 있는 주불전을 보면 압박감을 느끼게 된다. 나는 옆으로 넓적한 수평 비례가 좋고 단아한 주심포가 좋다. 무량수전은 이 둘을 다 보여주니 마음이 편하다. 무량수전의 점잖음은 친절이고 편안이다.

단청을 입히지 않아서 건물은 더욱 점잖아 보인다. 의인화가 이어진다. 화장기 없는 중년 여인을 보는 것 같다. 여성에게 화장은 예절이라지만, 화장 안 한 중년 여인은 정말 멋지다. 대도시에 살다 보면 이런 여인은 일 년에 한 번이나 마주칠까 말까 할 정도로 귀하지만 화장을 안 해서 오히려 기품이 우러난다. 나이의 기품이라는 것이다. 화장을 안 한다는 것은 중년이 미추의 대상을 넘어선 나이라는 섭리를 받아들인다는 뜻으로 읽힌다. 여기에서 나이의 기품이 나온다. 무량수전에서 이런 모습을 본다. '여말선초', 더하지도 빼지도 않고 딱 그 나이를 말하고 있다. 그래서 점잖고 기품이 있다.

안정적으로 땅에 안착했다(사진 5). 무량수전에서 느끼는 상징은 한 음절의 단어, '땅'이다. 기단도 그 비율에 맞췄다. 장대석을 한 줄만 깐 단벌대다. 대부분의 주불전이 두 단이나 세 단, 심지어 그 이상의 높은 기단을 타고 앉은 것과 다르다. 두 발을 땅에 단단히 디디고 세상을 맞는 나이 든 현자를 보는 것 같다. 땅을 안다. 땅에서 왔고 땅을 품는다. 땅의 무게를 알고 땅의 의리도 안다. 딱 자기 몫을 디디고 서서 사람들에게 오라며 품을 내어준다. 세 단의 계단을 냈다. 세상에 다리를 놓고 사람을 부른다.

지붕도 호응을 한다. 위쪽에 긴 수평선을 드리운다. 앞 공간이 넓지 않은데다 한가운데에 석등이 놓여서 정면은 가까이서만 볼 수 있다. 건물이 긴데 올려다보기 때문에 지붕의 긴 수평선이 한눈 가득 들어온다. 지붕 아래로 그림자가 깊게 진다. 단청 없는 회벽에 그림자가 지니 침묵하는 것 같다. 묵언 수행에 들어간 구도자를 보는 것 같다. 단체 관람객이 밀려왔다 밀려가면서 왁자지껄, 잠시 수다가 앞마당을 떠돌지만 무량수전은 미동도 않는다. 염화시중拈華示衆의 미소를 공간 가득 채운다. 수다가 꺼지고 잠시 침묵이 흐른다. 이 침묵이 무량수전에 제격이다.

춤추는 무량수전-변·『무량수경』·무위무작

점잖기만 할까. 무량수전 주위에서 조금만 발걸음을 옮겨 보면 금방 아님을 알 수 있다. 춤추고 있지 않은가. 무량수전은 춤춘다(사

39. 무량수전 사선 방향 전경. 흥겹게 춤추고 있는 것 같은 지붕 선

진 39). 왜 그럴까. 두 비밀이 있다. 하나는 팔작지붕이라는 지붕 형식이다. 다른 하나는 정면과 측면이 만나는 모서리 지점, 추녀다. 팔작지붕은 측면 박공이 수직으로 내려오다가 양옆으로 활짝 펴지는 지붕 형식이다. 이렇게 활짝 펴지면서 내려오는 측면선이 정면의 처마선과 만나는 지점이 모서리인 추녀. 한국 지붕은 추녀를 들어 올린다(사진 40). 여기에서 두 장의 아름다운 곡선이 나온다.

40. 무량수전 지붕 추녀. 정면과 측면의 두 지붕이 만나는 지점으로 한국 지붕의 곡선미가 이곳에서 발생한다.

들어 올리는 정도에 따라 곡선의 기울기가 정해진다. 한국 지붕은 적당한 중간 정도로 들어올리므로 지붕 곡선이 부드럽고 매끈하게 나온다. 한국의 보편적 조형미인 곡선의 미학을 대표하는 선이다.

측면과 정면의 길이가 달라서 지붕 곡선의 기울기도 두 면이 다르게 나온다. 같은 높이를 올라가는데 측면은 길이가 짧아서 곡선이 좀 더 급하게 나온다. 중간의 직선 부분은 짧거나 아예 없을 수도 있다. 두 팔을 휘저으며 날아오르는 새와 같은 역동적인 모습을

41. 삼층석탑에서 내려다 본 무량수전. 흥을 감춘 모습이지만 내재적 율동이 넘친다.

보인다. 정면은 상대적으로 완만하다. 중간 부분은 수평을 달리다가 양 끝에서 부드럽게 올라간다. 정적인 느낌이 강하다. 어머니의 여유 같은 것이 느껴진다. 아름다운 한복 선을 보는 것 같다. 여유만만, 그러나 그 속에 흥을 잔뜩 감췄다(사진 41). 흥이 감춰진다던가. 그 흥이 못 참고 이쪽저쪽 틈새를 비집고 나와 곡선을 짓는다. 이것이 한국의 지붕 선이다.

이런 두 장의 곡선이 한 군데에서 만나는 지점이 추녀다. 한국 건축 전체를 통틀어 적어도 형상에서는 가장 아름다운 장면이라 서슴없이 말할 수 있다. 건물을 조금 떨어져서 45도 각도로 보면 추녀의 아름다운 곡선을 가장 잘 볼 수 있다. 무량수전이 그렇다. 사실 이 모습은 형언이 부족하고 설설舌說이 불가능하다. 굳이 해보자면,

42. 무량수전 지붕의 곡선미. 정적인 아름다움과 동적인 흥겨움을 동시에 보여준다.

우선 측면의 급한 곡선과 정면의 여유로운 곡선이 한 지점에서 만난다. 절묘한 양면성이다. 급하면서 여유롭고, 동적이면서 정적이다. 오를 듯 말 듯, 머물 듯 말 듯한다. 나갈 듯 말 듯, 멈출 듯 말 듯한다(사진 42).

무량수전이 그렇다. 가장 잘 어울리는 말은 '덩실덩실'이다. 춤을 추고 있지 않은가. 한국의 춤은 동작이 아니라 호흡이고 몸이 아니라 선이다. 그런 춤을 추고 있다. 기교로 추지 않고 힘으로 추지 않는다. 흥으로 춘다. 무량수전이 흥으로 추고 있지 않은가. 활짝 팔 벌려 어깨를 들썩이며 춤을 추는 형상이다. 흥겹다. 호흡으로 조절한다. 역동적이다. 정적이다. 노골적이거나 과시적이지 않을 뿐, 저 흥을 어디에 비하랴.

내재적 율동 같은 것이다. 속에 감추되, 늘 준비된 율동이다. 배우지 않고 연습하지 않아도 타고나는 율동이다. 누를 때를 알지만 드러낼 때도 아는 율동이다. 수직으로 치솟는 흥분이 아니라 긴 수평선을 흔드는 은근한 흥이다. 그래서 한국적이다. 조선 유교가 한국인의 본성을 강하게 얽매기 전에 형성된 삼한 땅의 전통 정서다. 요란하지 않다. 그러나 분명하다. 춤추고 있지 않은가. 무량수전은 춤춘다.

춤추는 무량수전을 불교적으로는 어떻게 해석해야 할까. 무량수전에만 해당되는 질문이 아닐 수도 있다. 팔작지붕의 추녀에서는 정도의 차이만 있을 뿐 공통적으로 관찰되는 장면이다. 사찰에서는 팔작지붕이 다수를 차지해서 전각을 사선 방향에서 보기만 하면 모두 춤을 춘다고 할 수 있다. 물론 특별한 교리를 의식하지 않고 그냥 지은 것일 수 있다. 원래 한국 건물이 다 이러했고 절도 그런 건물로 짓다보니 자연스럽게 나타난 현상일 수 있다. 반대는 아닐까. 사찰에 그만큼 많이 나타난다는 것은 불교의 가장 기본적인 교리를 말하는 것은 아닐까.

전각 이름인 '무량'에 자꾸 눈이 간다. 우선 특이한 이름이다. 대웅전은 너무 흔해서 그 뜻이 무엇인지 생각할 겨를도 없이 누구나 쉽게 말한다. 무량은 무언가 불교적으로 깊은 뜻이 담겨 있는 것 같은 이름이다. 현판마저 특이하다. 보통 직사각형 판에 가득 글씨를 쓴다. 가로 방향으로 쓰므로 무량수전처럼 네 글자가 되면 옆으로 더 길어진다. 대웅보전이나 대적광전 같은 전각이 이런 경우다. 무량수전은 세로 방향으로 두 단으로 나눠 써서 현판 모양부터 정사

43. 무량수전 현판. 공민왕이 쓴 글씨인데 그림 액자처럼 꾸몄다. '무량'이라는 의미를 생각하게 해준다.

각형이다. 한 발 더 나아가서 네 변을 장식으로 꾸며 액자처럼 만들었다. 흔치 않은 예다. 그 속의 글씨는 공민왕이 쓴 것으로 알려져 있다(사진 43).

이름과 현판은 그렇다 치고, 더 중요한 것은 뜻이다. 무량은 크게 보아 뜻이 셋 있다. 첫째, 말 그대로 '양이 없다'는 뜻으로 공간적으로 제한되지 않고 양적으로 너무 커서 무한한 상태를 말한다. 둘째, 성질이 다종다양多種多樣해서 규칙화할 수 없는 상태를 말한다. 셋째, 부처님의 덕이 한없이 많은 것을 말한다. 이 가운데 두 번째 뜻인 다종다양의 성질이 춤추는 무량수전과 연관성을 갖는다.

직접적으로 통하기도 하고 간접적으로 통하기도 한다. 직접적으로 통하는 것은 춤을 추는 것의 의미를 생각하면 된다. 형상이 한순간도 고정되어 있지 않다는 뜻이다. 연속동작으로만 표현이 가

> 팔작지붕의 추녀 장면이
> 한국인이 좋아하는 변화 미학의
> 대표적인 예다. 형상은 한 가지되
> 시선의 각도와 방향에 따라 조금씩
> 은근하게 변화하면서 다양성을
> 만들어내기 때문이다.

능한데 이것을 구성하는 여러 동작 하나하나가 독립적인 형상을 이룬다. 이것들을 다 모으면 다종다양과 같은 뜻이 된다. 좀 더 여러 가지 교리를 넣어 몇 단계를 거쳐 해석하면 간접적으로 통하게 된다. 우선 '변變'이라는 개념을 춤추는 팔작지붕과 '무량'이라는 개념 중간에 넣어본다.

'변'은 말 그대로 변화한다는 뜻이다. '변'이나 '변화'는 불교에서 자주 쓰는 말은 아니지만 그 뜻은 불교 교리의 핵심을 차지한다. 만물 현상이 한 가지로 고정되어 있지 않다는 불교 교리는 변화라는 개념과 상통한다고 볼 수 있다. 그런데 무량수전 팔작지붕의 춤추는 장면을 미학 개념으로 치환하면 다름 아닌 '변'이 된다. 이는 한국인의 기본 정서기도 하다. 사물을 단정지어 보는 것을 피하고 싶어하는 국민성이다. 단순함보다 다양성을 좋아하되 그 다양성이란 것이 은근해야 한다. 실제 형상이 많은 것은 여전히 싫어한다. 고형적 유형有形을 부담스러워한다. 인위적 유위有爲나 지나친 유작有作을 싫어한다. 팔작지붕의 추녀 장면이 한국인이 좋아하는 변화 미학의 대표적인 예다. 형상은 한 가지되 시선의 각도와 방향에 따라 조금씩 은근하게 변화하면서 다양성을 만들어내기 때문이다.

이렇게 되면 한국적 다양성은 무형無形을 기반으로 하는 것이 되는데 이는 다시 무위無爲와 무작無作을 기반으로 한 것이 된다. 이것을 건축에 대응시키면 바로 무량수전의 춤추는 팔작지붕에 해당된다. 건물이라서 추상 교리처럼 '형'이나 '위'나 '작'이 전혀 없을 수는 없다. 건물이 성립되기 위한 초기 조건으로서 '형'과 '위'와 '작'이 최소한 하나는 있어야 한다. 관건은 그 다음이다. 지붕 하나

形를 지어作 세웠을爲 뿐인데 춤추는 것처럼 한 가지 형태로 남아있지 않는다. 춤을 춘다는 것은 몸을 계속 움직이면서 늘 변하는 상변의 상태에 있는 것이다. 결국 '팔작지붕-춤추는 모습-변-무형, 무위, 무작'의 연결 고리가 완성되었다.

마지막으로 무위와 무작은 다시 무량과 연관된다. 무량의 상태 가운데 하나가 무위자 무작으로, 『무량수경』이 이를 설한다. '무량'에 관해 설명한 경전이 『무량수경』이다. 무량수경은 번역, 해설본이 십 수 종 되는데 모두 아미타불(=무량수불)의 인과시종因果始終을 주로 밝히고 있다. 오탁악세五濁惡世에서 고통 받는 중생의 최후 목적은 구제인데, 그 길은 오직 아미타불에 귀명하는 것밖에 다른 길이 없음을 설한다. 이를 위해 중생이 사는 오탁악세의 예토(穢土, 더러운 땅, 이승)와 아미타불이 이룬 극락세계 서방정토를 대비하는 구도로 이루어진다.

이런 무량수경의 십 수 종 판본 가운데 하련거 대사가 5종을 회집한 『무량수경심요』를 보자. [제17품 아미타불 극락도량의 연못, 팔공덕수]의 여섯 번째 구절이 '무성무작무아無性無作無我'다. 풀어보자. "무성의 성은 성체性體니 일체의 법이 모두 실체가 없는 까닭에 무성을 설한다. 무작은 무위라고도 하는데 일체 유위의 조작을 모두 여읨이다" 했다. 이처럼 무위무작이 무량과 연관되면 최종적으로 '팔작지붕-춤추는 모습-변-무형, 무위, 무작-무량'의 긴 연결 고리가 완성된다. 결국 여러 단계를 거쳐 팔작지붕이 무량과 연결되는 것이다. 그래서 부석사 무량수전의 팔작지붕이 단순한 이름을 넘어 교리적으로 '무량'의 의미를 표현하고 있는 것이 된다. 춤추는 지붕 추녀를 보면서 '무량'이라는 교리를 배운다.

무량수전에 오르고 보니, 돈오돈수였구나

무량수전 앞에 서고 보니 저 아래에서 지나왔던 계단이 주마등처럼 스쳐간다. 힘들었지만 이곳, 무량수전 앞에 서려고 가쁜 숨을 몰아쉬며 혼신을 다해 올랐다. 무량수전 앞에 선다는 것은 정말로 수행에서 깨달음에 비유할만하다. 이곳에 오르려고 중간에 여러 곳을 거쳤다. 당시에는 그저 지나가야 할 관문이려니 생각했지만 무량수전 앞에 서고 보니 모두 의미가 있었다. 무량수전 앞에 서는 깨달음에 이르기 위한 점증의 수행 단계였던 것이다.

종점에 오르고 보니 그 점증은 돈교라는 생각이 강하게 든다. 부석사의 오름을 단계론의 돈오이교에 대응할 경우 돈교와 이교 가운데 어느 것에 해당되는지는 사실 감상자의 몫이다. 둘 모두로 해석될 소지가 있기 때문이다. 오르는 중간은 돈교와 점교 모두로 해석될 수 있는 양면성이 있었다. 앞에서 범종루 앞의 편안한 마을 분위기는 점교를 말하는 것이라 했다. 반면 범종루의 누하진입이 시작되어 안양루의 두 번째 누하진입을 통과하는 길은 돈교에 가깝다고 했다. 막상 무량수전 앞에 서면서 맞이하는 감격은 지나온 오름을 돈교로 보라고 다그치는 것 같다. 굳이 한 가지를 고르라면 돈교 쪽에 가깝지 않을까 생각해 본다.

무량수전에 오르는 길은 물론 둘이다. 중간에 쉬엄쉬엄 여유 있게 오르는 것과 단박에 뛰어 오르는 것이다. 둘 다 가능하다. 천왕문, 중문, 범종루, 안양루 등 중간에 쉴만한 다양한 영역을 갖추었다. 각 영역의 공간 특징을 즐기다 보면 나도 모르게 오름 점증은 점교, 즉 돈오점수가 되어 있다. 부석사는 돈오점수라 이름 붙이기에 충분한 자격을 갖춘 절이다. 그러나 그 즐거움도 무량수전을 단박에 만나는 돈교, 즉 돈오돈수의 찬란함에 못 미치는 것이 아닐까. 무량수전에 오르니 마음이 바뀌었다. 무량수전에 빨려 들어가면서 중간 과정의 감상과 즐거움을 잊게 된다. 돈오점수를 잊고 돈오돈수라고 하고 싶어진다.

여기저기서 터져 나오는 관람객의 탄성도 같은 말을 한다. 무량수전 앞에 서너 시간 정도 머물러 보았다. 그 사이에 단체 관람객 여러 그룹이 밀물처럼 들어왔다가 썰물처럼 빠져나갔는데 공통적으로 내뱉는 감탄을 모아 보면 대체로 다음과 같다. "와~ 이게 무량수전이구나", "이거 보려고 힘든 걸 참았나 보네", "숨차게 올라온 보람이 있네", "과연 무량수전이네, 명불허전이다" 등등이다. 모두 돈교를 말하고 있지 않은가.

부석사를 대표하는 것은 무량수전이다. 연대기의 대중적 기록이나 불교 교리 모두에서 그렇다. 부석사를 기억하는 사람들은 대부분 무량수전을 기억하는 것이다. 부석사에는 무량수전 외에도 주요 전각이 여럿인데 사람들은 잘 모른다. 실제 사찰 측에서도 다른 전각은 숨겨 놓았다. 일부러 따로 보러 가지 않으면 중심축 상에서는 만나지 못한다. 부석사를 방문하는 사람은 무량수전의 우아한 자태를 보기 위해서 오는 것이다. 직접 보고 오래된 연대기를 확인한다. 안양루 앞에 서서 무량수전을 보고 있노라면 바로 뒤에서 안양루의 누하진입을 통과해서 계단을 올라온 사람들이 무량수전을 보고 내뱉는 감탄사가 하루 종일 메아리친다.

좀 더 일반론적으로 봐도 사찰건축에서 주불전이 차지하는 비중은 단연 압도적이다. 주불전은 가장 중요하다. 깨달음의 종점을 상징하기 때문이다. 중심축의 가장 깊은 곳에 위치하면서 불상을 모시는 것도 같은 이유다. 주불전만 유난히 크게 짓는 것도 같은 이유다. 전국에는 주불전 한 채로만 이루어진 절도 수없이 많다. 부석사도 마찬가지다. 무량수전이 절 전체에서 차지하는 비중을 보면 평균은 훨씬 넘는다. '부석사' 하면 무량수전이고, '무량수전'하면 부석사다. 둘은 동의어다.

그래서일까, 이런 집중도는 발음에서도 느껴진다. '무량수전'의 발음이 '부석사'의 발음과 묘하게 어울린다. 그냥 '무량수전'보다 확실히 '부석사 무량수전'이 듣기에 더 좋다. '부석사'와 '무량수전'의 첫 번째 음절의 자음은 'ㅂ'과 'ㅁ'인데 이 둘은 잘 어울리는 짝이다. 한글의 자음 순서는 'ㅁ' 다음에 'ㅂ'인데 여기에서는 반대여서 더 흥미롭다. 두 음절 모두 모음은 'ㅜ'여서 통일감을 유지한다. 통일감은 계속된다. '부석사'에는 'ㅅ'이 둘 연달아 나오고 '무량수전'에서는 'ㅁ'의 앞 자음인 'ㄹ'로 한 번 갔다가 'ㅅ'과 'ㅈ'이 연달아

무량수전 앞에 선다는 것은 정말로 수행에서 깨달음에 비유할 만하다. 이곳에 오르려고 중간에 여러 곳을 거쳤다. 당시에는 그저 지나가야 할 관문이려니 생각했지만 무량수전 앞에 서고 보니 모두 의미가 있었다.

나온다. 이런 내용이 합해지면서 어딘가 모르게 집중력이 느껴지는 이름이다.

지나온 길을 복기해 보자. 돈교로 보는 근거는 범종루에서도 확인된다. 크게 세 방향이다. 첫째, 범종루가 앉은 방향이다. 진행 방향과 같은 방향으로 놓였는데 이는 드문 경우다.(사진 24). 누하진입이 일어나는 전각은 진행 방향에 정면을 내보이며 직각으로 서는 것이 보통이다. 건물을 통과하거나 뚫고 들어가는 느낌이 드는 것은 이 때문이다. 한국 산사에서 자주 사용하는 누하진입은 거의 다 이 방식이다. 이곳 범종루는 측면을 열어주며 종 방향으로 섰다. 누하진입을 기준으로 하면 폭보다 안으로 더 깊어서 동굴 속으로 들어가는 느낌이다. 이것이 기둥 숲과 합해지면서 건물을 통과한다는 느낌보다는 건물 속으로 기어들어가는 느낌이 난다. 이런 느낌들은 강력한 흡인력을 갖는다. 발걸음을 유인하며 빨아들인다. 발걸음을 재촉하며 쉬지 말고 무량수전으로 오르라고 독촉한다.

둘째, 누각 밑의 기둥 숲을 통과하는 느낌이다. 범종루의 누하진입은 긴장감을 일으킨다(사진 21, 25, 26, 27). 범종루 영역의 마을에서 쉼의 여유를 즐겼으니 이제 다시 수행에 박차를 가해 돈오점수에서 '점'을 완성시키라는 가르침 같다. 가르침이 이번에는 다그침으로 다가온다. 우선 발걸음을 재촉한다. 재촉이 빨라지면서 '점'은 '돈'이 된다. 여러 기둥이 늘어선 기둥숲은 이런 재촉을 상징한다. 입구에서부터 빨려 들어가듯 흡입된 발걸음은 그 속에서 기둥숲을 통과하면서 더욱 빨라진다. 기둥 사이로 난 일직선 좁은 길을 통과한 뒤 그 끝에 난 계단을 오른다. 혓바닥을 내민 것 같은 천왕문의 계단이 사람을 말아 올릴 것 같았다면 이곳은 진공청소기로 빨아들이는 것 같다.

셋째, 지붕에서도 확인된다. 앞에서 범종루 앞 공간이 내달림과 쉼의 양면적 성격을 갖는데 그 가운데 쉼의 성격이 더 어울린다고 했다. 무량수전에 올라서 지나온 과정을 복기해보면 반대의 해석도 가능하다. 앞 공간에서 보는 범종루의 지붕이 답이다. 범종루는 지붕이 특이한 건물이다. 앞뒤의 지붕 종류가 다르기 때문이다. 중문을 나와서 정면에서 보면 팔작지붕이지만 누하진입을 올라 안양루 앞에서 후면을 보면 맞배지붕이다(사진 44, 45). 사찰은 물론이고 한국 전통건축 전체를 통틀어도 다른 예를 찾아보기 힘든 특이한 구성이다. 왜 이렇게 했을까. 앞뒤가 다른 이 지붕에 부석사의 오름을 돈교로 볼 수 있는 내용이 숨어있다.

일단 중문을 나와 정면에서 보는 범종루의 팔작지붕은 여전히 내달림과 쉼의 양면성을 보여준다. 앞마당과 같은 양면성이다. 팔작지붕의 아름다운 처마곡선이 답이다. 더 정확하게 말하면 처마곡선에 담긴 역동성과 부드러움의 양면성이 답이다. 처마곡선은 역동적이면서 부드럽다(사진 44). 이것을 역동성으로 받아들이면 팔작지붕은 내달림을 독려하는 것이 되고 이것은 돈교로 해석할 수 있다. 반면 부드러움으로 받아들이면 쉼을 권하는 것이 되고 이것은 점교로 해석될 수 있다.

후면의 맞배지붕과 짝으로 보면 둘 가운데 쉼으로 귀결된다. 맞배지붕은 박공이 전면을 차지하면서 절벽을 연상시킨다(사진 45). 오는 발걸음을 막아선다. 이것이야말로 쉬어가라는 강권이다. 그

44. 범종루 정면. 팔작지붕의 곡선은 역동성을 주며 발걸음을 재촉한다. 중심축의 오름은 빨라진다.

런데 범종루의 지붕을 앞뒤가 다르게 지었다는 것은 앞뒤의 모습이 말해주는 성격을 다르게 봤다는 뜻이다. 뒤를 쉼으로 본 것이 확실해서 앞은 둘 가운데 내달림이 되는 것이다. 후면의 맞배지붕은 하산길인 회향回向 때에 맞닥뜨리게 되므로 이런 해석은 더욱 힘을 받는다. 내달림과 쉼의 양면성을 가지면서 가장 애매했던 범종루 앞 공간을 내달림으로 볼 수 있게 되면 부석사 전체의 오름은 확실

45. 범종루 후면. 맞배지붕은 동선에 절벽을 이루며 쉬어 가라고 한다.

하게 돈오돈수, 즉 돈교가 된다. 천왕문, 중문, 안양루 등 다른 지점은 양면성이 확연히 약하거나 아예 내달림 하나의 성격만 갖기 때문이다.

부석사의 역사로 봐도 돈교와 연관이 깊다. 부석사가 화엄종찰을 대표하기 때문이다. 앞에서 화엄경의 교리가 돈교를 가르친 것이라 했다. 의상이 창건했다는 점과 함께 부석사의 역사를 보면 이곳에서 화엄경을 공부한 고승이 많다. 화엄경 공부의 명소 같은 곳이었다. 실제로 부석사를 오르다 보면 돈오돈수의 느낌을 강하게 느낄 수 있다. 바로 무량수전이 갖는 흡인력 때문이다. 아직 오름이 시작되지도 않은 일주문 앞에서부터 머릿속에는 빨리 무량수전을 보고 싶다는 생각이 자리 잡는다. 행동을 하기 전부터 관념적으로 무량수전에 빨려들어가는 것이다. 중간에 힘든 오름이 있지만 이것을 참고 견디며 발걸음을 재촉하는 힘은 무량수전을 보겠다는 일념에서 나온다. 무량수전 앞에 올랐을 때의 감동도 마찬가지다. 일직선으로 달려 올라오기를 잘했다는 생각이 든다.

이렇게 보면 화엄종찰이라는 부석사의 성격과 위치는 알게 모르게 계단의 오름 배치에 영향을 끼쳤을 수 있다. 부석사의 배치를 지휘했던 과거의 어떤 큰스님이 화엄경이 돈오이교 가운데 돈교의 가르침에 해당된다는 사실을 당연히 알았을 것이라고 가정해볼 수 있다. 그렇다면 이것을 사찰 배치에 어떤 식으로든지 반영하려 했을 것이다. 그것은 계단의 오름이 될 것이다. 계단과 문과 누각으로 지은 부석사, 그 속에는 깨달음을 향한 화엄경의 가르침인 돈교의 교리가 들어있다.

사진목록

1. 범종루 정면 (18쪽)
2. 부석 (21쪽)
3. 일주문 후면 (22쪽)
4. 석조여래좌상의 복사품 (24쪽)
5. 무량수전 전경 (25쪽)
6. 무량수전 뒤 삼층석탑 앞에서 본 전경 (27쪽)
7. 안양루와 무량수전을 함께 본 전경 (31쪽)
8. 중문을 통과하면서 보는 범종루 영역 전경 (32쪽)
9. 범종루 (34쪽)
10. 안양루 누하진입 입구 (37쪽)
11. 안양루 누각에서 내다 본 전경 (38쪽)
12. 일주문으로 들어가는 일직선길 (40쪽)
13. 천왕문 (41쪽)
14. 지금의 중문 자리를 1995년에 찍은 사진 (42쪽)
15. 중문 (43쪽)
16. 중문으로 오르는 계단 (46쪽)
17. 중문으로 오르는 계단 (47쪽)
18. 중문 (52쪽)
19. 중문 (53쪽)
20. 범종루 (63쪽)
21. 안양루 누하진입의 기둥 사이로 내려다 본 범종루 (63쪽)
22. 범종루 앞 전경 (65쪽)
23. 범종루 앞 전경 (66쪽)
24. 범종루 앞 영역과 삼층석탑 (67쪽)
25. 범종루 정면 누하진입 입구 (69쪽)
26. 범종루 누하진입 중간의 기둥 숲 (70쪽)
27. 범종루 누하진입의 출구 (72쪽)
28. 안양루 전경 (74쪽)
29. 취현암醉玄庵 (76쪽)
30. 안양루와 왼쪽 위의 무량수전 (77쪽)
31. 안양루와 무량수전 전경 (80쪽)
32. 안양루 누하진입 (81쪽)
33. 안양루 정면 누하진입 입구의 현판 (82쪽)

34. 안양루 후면의 현판 (83쪽)
35. 안양루 전경 (83쪽)
36. 안양루 누하진입 출구 (85쪽)
37. 무량수전 정면 전경 (86쪽)
38. 무량수전 (87쪽)
39. 무량수전 사선 방향 전경 (90쪽)
40. 무량수전 지붕 추녀 (91쪽)
41. 삼층석탑에서 내려다 본 무량수전 (92쪽)
42. 무량수전 지붕의 곡선미 (93쪽)
43. 무량수전 현판 (95쪽)
44. 범종루 정면 (104쪽)
45. 범종루 후면 (105쪽)

참고문헌

1. 아함경
    학담평석, 한 권으로 읽는 아함경 (한길사, 2015)
    잡아함경 1~5, 김월운 옮김 (동국역경원, 2015)
    증일아함경 1~4, 김월운 옮김 (동국역경원, 2011)
2. 화엄경
    화엄경, 최호 역해 (홍신문화사, 2002)
    화엄경, 무한의 세계관, 김지연 역 (민족사, 2016)
    원욱 스님의 나를 바꾸는 화엄경 (민족사, 2017)
    해주 스님, 화엄의 세계 (민족사, 2015)
3. 반야심경
    학담 뜻풀이, 현수법장으로 읽는 반야심경 (큰수레. 2013)
    법상유식학으로 읽는 반야심경, 송찬우 편역 (비움과 소통, 2014)
    권오석, 반야심경 (홍신문화사, 2004)
    선(禪)에서 본 반야심경, 현봉 옮김 (불광출판사, 2016)
    빈종법사, 반야심경 강의, 천태교학을 중심으로, 이동형 편역 (운주사, 2012)
    김윤수, 불교의 근본 원리로 보는 반야심경, 금강경 (한산암, 2013)
4. 금강경
    무비스님, 금강경 강의 (불광출판사, 2016)
    법상, 금강경과 마음공부 (무한, 2015)
    니까야로 읽는 금강경, 이중표 역해 (민족사, 2016)
    금강경, 전강문인 무진 거사 역해 (비움과 소통, 2012)
5. 법화경
    법화경, 이민수 역해 (홍신문화사, 2004)
    정승석, 법화경, 민중의 흙에서 핀 연꽃 (사계절, 2004)
    묘법연화경, 한국불교대학 교재편찬회 (좋은 인연, 2014)
    차차석, 다시 읽는 법화경 (조계종 출판사, 2010)
6. 유마경
    무비스님 강설, 유마경 (민족사, 2013)
    김기추, 유마경 대강론 (불광출판부, 2001)
    이기영, 유마경 강의, 상권 (한국불교연구원, 2010)
    이기영, 유마경 강의, 하권 (한국불교원, 2010)
7. 대승기신론
    대승기신론 직해, 학담 과해 (큰수레, 2002)

대승기신론 신역, 황정원 번역 (운주사, 2016)

8. 중론, 중관 사상

중론, 정화 풀어씀 (법공양, 2014)

김성철, 중론 (불교시대사, 2015)

김성철, 중관사상 (민족사, 2012)

무르띠, 불교 중심의 철학-중관 체계에 대한 연구, 김성철 옮김 (경서원, 1999)

남수영, 중관 사상의 이해 (여래, 2015)

9. 구사론

아비달마구사론 1~4, 권오민 역주 (동국역경원, 2015)

구사론, 계품 근품 파아품, 이종철 역주 (한국학중앙연구원출판부, 2016)

10. 정토삼부경

정토삼부경, 무량수경 관무량수경 아미타경, 한보광 옮김 (민족사, 2012)

서주태원, 정토삼부경 역해 (운주사, 2016)

아미타경 무량수경 관무량수경, 경전연구모임 편 (불교시대사, 2000)

하련거사, 무량수경 심요, 허만항 편역 (비움과 소통, 2016)

정종 법사, 아미타경 핵심강의, 정전 스님 옮김 (운주사, 2016)

찾아보기

고딕 숫자는 사진 페이지(쪽수)임

12연기 55

ㄱ

결응決凝 23
공덕 51, 58, **98**
공민왕 23, 25, 95
공사상 58, 59, 79
광해군 25
교상판석敎相判釋 49
금강문 43, **60**, **64**
금강역사 43

ㄴ

누하진입 28, **35**, 36, **37**, 61, 62, **63**, **69**, **70**, 71, **72**, 73, 77, **81**, **82**, 84, **85**, 99, 101–103

ㄷ

다포식 87, 88
단계론 27–29, **40**, 41, 44–46, **47**, 48, 51, 52, 69–72, 78, 85, 99
돈교 29, 30, 48–50, 81, 99, 100, 102, 103, 105, 106
돈극미묘頓極微妙 50
돈대頓大 50
돈대삼칠일頓大三七日 50
돈돈 49
돈돈돈원頓頓頓圓 49

돈오頓悟 49
돈오돈수 17, 29, 30, 45, 46, **47**, 48, 49, 68, 99, 100, 105, 106
돈오점수 29, 45, 46, 47, 48, 49, 61, 68, 100, 102
돈원 49
돈점이교 29, 30, 45, **47**, 49, 78, 79
돈증頓證 49

ㅁ

무량 17, 21, 23–33, 36–39, 47, 51, 53, 54, 61, 62, 68, 71–73, 76–80, 84–95, 97–103, 106
무량광불 24
『무량수경』 90, 98
무량수경심요 98
무량수불 24, 98
무량수전無量壽殿 21, 23, 24, **25**, 26, **27**, 28–30, **31**, 32, 33, 36–39, 47, 51, **53**, 54, 61, 62, 68, 71, **72**, 73, 76, **77**, 78, 79, **80**, 84, **85**–**87**, 88, 89, **90**–**93**, 94, **95**, 97–103, 106
무성 98
무염無染 23
무위無爲 90, 97, 98
무작無作 90, 97, 98
무형無形 97, 98
문수동자 43

ㅂ

배흘림 25
범종루梵鐘樓 19, 23, 24, 32, 33, **35**, 36, **37**, **38**, 43, 51, **52**, **53**, 54, 61, 62, **63**, 64, **65–67**, 68, **69**, **70**, **72**, 73, **75**, 76–79, 81, 84, 99, 100, 102, 103, **104**, **105**
법계연기 55
법화경 48–51
변變 29, 90, 97
보현동자 43
봉정사 극락전 24, 31, 88

ㅅ

사명당泗溟堂 23
사물四物 35, 36
『삼국유사』 20
상주불변常住不變 59
생멸 55, 59
서방정토 24, 98
석징釋澄 23
선달사善達寺 23
선묘善妙 20

ㅇ

아뢰야연기 55
아미타불 24, 98
아미타여래 24
아함경阿含經 55
안양루安養樓 24, 28, 29, 30, **31**, 33, 36, **37**, **38**, 51, 61, 62, **63**, 64, 68, 70, **72**, 73, **75–77**, 78, 79, **80–83**, 84, **85**, 99, 100, 103, 105
액자 28, 29, 51, **52**, **53**, 54, 55, 59, 61, 62, 70, **72**, 73, 77, 78, 81, **85**, **95**
업감연기 55
업보 58
연기법 29, 42, 51, **53**, 55, 58, 59, 69, 70, 71, 78, 79
연속 공간 29, 60
염화시중拈華示衆 90
우왕 25, 88
원교圓敎 49
원융 국사 25
원응국사圓應國師 23
육대체대연기 55
윤회론 59
의상義湘 20, 21, 30, 105
인과법因果法 55, 58
인연 42, 55, 56, 57, 58, 60, 62, 73
인연생기因緣生起 56
인연소기因緣所起 56
일주문 **23**, 26, 28, 36, 39, **40**, **41**, 44, 60, 67, 106

ㅈ

절중折中 23
점교 29, 30, 48, 49, 99, 100, 103
점돈 49
점돈점원漸頓漸圓 49
점오漸悟 49
점원 49
점증漸證 49
조사당祖師堂 23
주심포 25, 78, 84, **85**, **87**, 88, 89
중문 28, 29, **32**, 33, 36, 37, 39, **42**, **43**, 45, **46**, **47**, 48, 51, **52**, **53**, 54, 55, 60–62, 64, 67, 69–72, 77, 78, 100, 103, 105

중첩 42, 77, 78
증오證悟 48
진여연기 55

ㅊ

차경 28, 29, 53
천왕문 28, 36, 37, 39, 40, **41**, 42–45, 48, 51, 53, 60, 61, 64, 67, 99, 102, 105
천태종 50
천태지의 50
청량징관淸凉澄觀 49
취현암醉玄庵 24, 76

ㅎ

하련거 대사 98
해탈문 28, 44, 60, 62, **63**, 64, 84, 85
혜철惠哲 21
화엄경 23, 30, 48–51, 105, 106
화엄종華嚴宗 20, 21, 23, 30, 80, 105, 106
흥교사興敎寺 23